职业教育"十三五"规划课程改革创新教材

普通车削技能训练

王 兵 刘 明 主编

范唐鹤 吴 博 何 炬 副主编

吴万平 主审

科学出版社

北 京

内 容 简 介

为了满足教学改革的需要，编者根据《国家教育事业发展"十三五"规划》等相关文件精神，在行业、企业专家和课程开发专家的精心指导下，结合企业生产岗位和工作实际，编写了本书。

本书以车削加工操作技能为主线，按理论与实训一体化的模式进行编写，分为基础准备、技能训练、考核鉴定 3 个模块。

本书可作为职业院校机电、数控、模具等专业的教学用书，也可作为有关行业的岗位培训教材及从业人员的自学用书。

图书在版编目（CIP）数据

普通车削技能训练/王兵，刘明主编. —北京：科学出版社，2019.8
（职业教育"十三五"规划课程改革创新教材）
ISBN 978-7-03-061992-1

Ⅰ. ①普⋯ Ⅱ. ①王⋯ ②刘⋯ Ⅲ. ①车削-职业教育-教材
Ⅳ. ①TG510.6

中国版本图书馆 CIP 数据核字（2019）第 163605 号

责任编辑：张振华 / 责任校对：马英菊
责任印制：吕春珉 / 封面设计：东方人华平面设计部

科学出版社 出版
北京东黄城根北街 16 号
邮政编码：100717
http://www.sciencep.com
铭浩彩色印装有限公司印刷
科学出版社发行 各地新华书店经销
*
2019 年 8 月第 一 版 开本：787×1092 1/16
2019 年 8 月第一次印刷 印张：9 1/2
字数：200 000

定价：29.00 元

（如有印装质量问题，我社负责调换〈铭浩〉）
销售部电话 010-62136230 编辑部电话 010-62135120-2005（VT03）

版权所有，侵权必究
举报电话：010-64030229；010-64034315；13501151303

前　言

随着经济和社会的不断发展，现代企业对具有良好的职业道德、必要的文化知识、熟练的职业技能等综合职业能力的高素质劳动者和技能型人才的需求越来越广泛，而相关从业人员的数量和质量都落后于行业发展的需求。这就亟须职业院校创新教育理念，改革教学模式，优化专业教材，尽快培养出真正适合当前企业需求的专业人才。

为了适应行业发展和教学改革的需要，编者根据《国家中长期教育改革和发展规划纲要（2010—2020 年）》《国家教育事业发展"十三五"规划》等相关文件精神，在行业、企业专家和课程开发专家的精心指导下，结合企业生产岗位和工作实际，编写了本书。

本书重点介绍车工操作步骤和方法，突出车工职业能力的培养，将专业知识和操作技能有机地融于一体。在内容结构体系的安排上，本书主要分为 3 个模块（基础准备、技能训练、考核鉴定），涵盖了车床的基本操作，车削常用工具、量具的使用，各类工件的车削等。本书具有以下特点：

1）定位准确，目标明确。结合职业院校双证书需要，把职业院校的特点和行业需求有机结合，实现学生的上岗就业。

2）语言通俗，图文并茂。根据职业院校学生的特点，大量运用图、表的呈现形式，使学生看得明白、易学会、能掌握。

3）注重实训，可操作性强。以一个个工作任务为基础，对操作过程进行剖析，突出了理论和实践的结合，充分体现理论与实训一体化，在"做"的过程中掌握知识与技能。

本书由王兵（荆州技师学院）、刘明（湖北工业大学）任主编，范唐鹤（湖北工程职业学院）、吴博（湖北工程职业学院），何炬（荆州技师学院）任副主编，吴万平（荆州技师学院）任主审。全书由王兵负责框架设计及统稿。

由于编者水平有限，书中不妥之处在所难免，敬请广大读者批评指正。

目　录

模块 1　基础准备　　　　　　　　　　　　　　　　　　　1

1.1　安全文明生产 ·· 2
1.2　车床的基本结构及保养 ····································· 3
1.3　车床的基本操作 ··· 12
1.4　常用量具的认知与使用 ··································· 18
1.5　工件的装夹与找正 ··· 25
1.6　车刀的刃磨 ·· 31

模块 2　技能训练　　　　　　　　　　　　　　　　　　　40

2.1　车削台阶轴 ·· 41
2.2　车削套管 ··· 51
2.3　车削锥度心轴 ··· 64
2.4　车削滚花单球手柄 ··· 71
2.5　车削普通螺纹轴 ·· 79
2.6　车削丝杠轴 ·· 93
2.7　车削偏心轴 ·· 98

模块 3　考核鉴定　　　　　　　　　　　　　　　　　　104

3.1　车削中间轴 ··· 105
3.2　车削机床刻度环 ·· 109
3.3　车削 V 带轮 ·· 114
3.4　车削车摇手柄 ·· 120
3.5　车削砂轮卡盘体 ·· 124
3.6　车削车床刀架轴 ·· 130
3.7　车削螺杆 ·· 135
3.8　车削油孔防尘盖 ·· 140

参考文献　　　　　　　　　　　　　　　　　　　　　145

1 模块

基础准备

>>>>

◎ **模块导读**

车削就是在车床上利用工件的旋转运动和刀具的直线（或曲线）运动来改变毛坯的形状和尺寸，使之成为合格产品的一种金属切削方法。

熟悉并掌握车床的结构、操作，以及车削加工常用量具与刀具的认知和刃磨等，是车削加工的必要前提条件。

◎ **学习目标**

知识目标：

1. 掌握安全文明生产的内容，养成安全文明生产的习惯。
2. 了解常用车床的种类和型号的表示方法。
3. 掌握 CA6140 型卧式车床的主要结构、功能及润滑保养。
4. 了解常用车刀的种类与功用。

能力目标：

1. 能根据要求进行车床的基本操作。
2. 会常用量具的识读。
3. 能在车床夹具上对工件进行正确的装夹。
4. 能对车刀进行正确的刃磨。

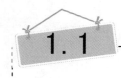

安全文明生产

安全文明生产直接影响人身安全、产品质量和经济效益，影响使用设备和工具、量具的使用寿命与操作人员技术水平的正常发挥，因此必须严格执行。

1. 安全生产注意事项

1）工作时应穿工作服，女同学的头发应盘起或戴工作帽，将长发塞入帽中。特别要强调的是，在操作时不准戴手套或其他首饰。

2）严禁穿裙子、背心、短裤和拖（凉）鞋进入实习场地。

3）工作时必须集中精力，注意手、身体和衣服不能靠近正在旋转的机件，如工件、带轮、传动带、齿轮等。

4）工件和车刀必须装夹牢固，否则会飞出伤人。

5）工件装、卸后，必须随即从卡盘上取下卡盘扳手，切不可将卡盘扳手留在卡盘上。图1-1所示为错误做法，可能会酿成事故。

6）凡装卸工件、更换刀具、测量加工表面及变换速度时，必须先停车。

7）车床运转时，不能用手去摸工件表面，尤其是加工螺纹时，更不能用手摸螺纹面，且严禁用棉纱擦抹转动的工件，如图1-2所示。

图1-1　错误做法

图1-2　车内螺纹时不安全的操作

8）不能用手直接清除切屑，要用专用的铁钩来清理。

9）不准用手制动转动的卡盘。

10）不能随意拆装车床电器。

11）工作中发现车床、电气设备有故障，应及时申报，由专业人员来维修，切不可在未修复的情况下使用。

2. 文明生产的要求

1）开车前要检查车床各部分是否完好，各手柄是否灵活、位置是否正确。检查各注油孔，并进行润滑。然后低速空运转 2～3min，待车床运转正常后才能工作。

2）主轴变速必须先停车，变换进给箱外的手柄，要在低速的条件下进行。为了保持丝杠的精度，除了车削螺纹外，不得使用丝杠进行机动进给。

3）刀具、量具及其他使用工具，要放置稳妥，便于操作时取用，如图 1-3 所示。刀具、量具及其他使用工具用完后应放回原处。

4）要正确使用和爱护量具。量具需经常保持清洁，用后擦净、涂油再放入盒中，并及时归还工具室。

5）床面不允许放置工件或工具，更不允许敲击床身导轨。

6）图样、工艺卡片应放置在便于自己阅读的位置，并注意保持其清洁和完整。

7）使用切削液之前，应在导轨上涂润滑油，当车削铸铁或气割下料件时应擦去导轨上的润滑油。

8）工作场地周围应保持清洁整齐，避免堆放杂物，防止绊倒。

9）工作完毕，将所用物件擦净归位，清理车床、刷去切屑、擦净车床各部分的油污，按规定加注润滑

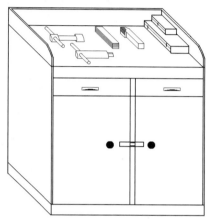

图 1-3　工具、量具和刀具的摆放

油，将拖板摇至规定的地方（对于短车床，应将拖板摇至尾座一端；对于长车床，应将拖板摇至车床导轨的中央），各转动手柄放置于空挡位置，关闭电源后把车床周围打扫干净。

1.2 车床的基本结构及保养

1. 认识车床

车床是车削加工用设备，其种类很多，常见的有卧式车床，仪表车床，立式车床，转塔车床，回轮车床，单轴自动车床，多轴自动、半自动车床，以及各种专用车床等。

（1）卧式车床

卧式车床如图 1-4 所示，主要用于单件、小批量的轴类、盘类工件的生产加工。

（2）仪表车床

仪表车床如图 1-5 所示，其结构相对简单，只有一个电动机和一个床体，适用于加工一些小而不十分精密的零件。

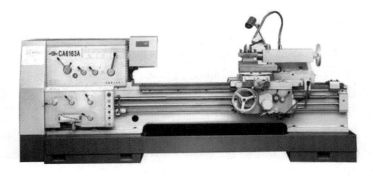

图 1-4　卧式车床

图 1-5　仪表车床

（3）立式车床

立式车床如图 1-6 所示，分为单柱式和双柱式。其主轴垂直分布，有一个水平布置的直径很大的圆形工作台，适用于加工径向尺寸大而轴向尺寸相对较小的大型和重型工件。

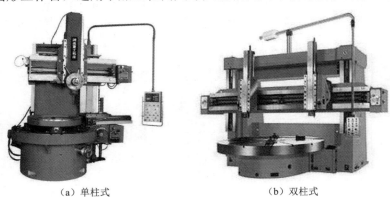

（a）单柱式　　　　　　　　　　　　（b）双柱式

图 1-6　立式车床

（4）转塔车床

转塔车床（图 1-7）没有尾座、丝杠，但有一个可绕垂直轴线转位的六角转位刀架，可装夹多把刀具，通常刀架只能做纵向进给运动。

（5）回轮车床

回轮车床（图 1-8）没有尾座，但有一个可绕水平轴线转位的圆盘形回轮刀架，可沿床身导轨做纵向进给和绕自身轴线缓慢回转并做横向进给。

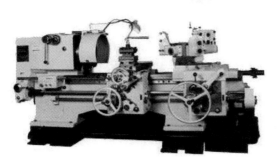

图 1-7　转塔车床　　　　　　　　　　　　图 1-8　回轮车床

（6）自动车床

自动车床如图 1-9 所示，它能自动完成一定的切削加工循环，并可自动重复这种循环，减轻了劳动强度，提高了加工精度和生产效率，适用于加工大批量、形状复杂的工件。

图 1-9　自动车床

（7）专用车床

专用车床是为某一类（种）零件的加工需要所设计制造或改装而成的，该类（种）零件的加工具有单一（专用）性。图 1-10 所示为专用球面车床。

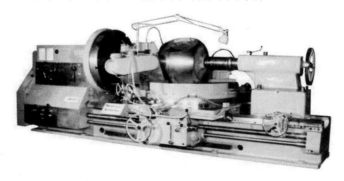

图 1-10　专用球面车床

2. 理解车床的型号

车床型号不仅是一个代号，而且能表示出机床的名称、主要技术参数、性能和结构特点，是根据 GB/T 15375—2008《金属切削机床 型号编制方法》编制而成的。它由汉语拼音字母及阿拉伯数字组成。CA6140 型车床型号中各代号的含义如下：

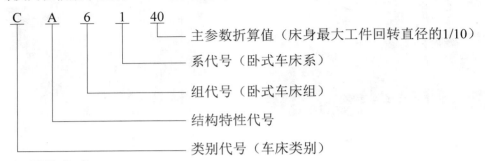

（1）理解"C"

CA6140 中的"C"为机床类别代号。类别代号是以机床名称第一个字的汉语拼音的首字母大写来表示的。例如，"C"代表车（Che）床，"Z"代表钻（Zuan）床等。

（2）理解"A"

CA6140 中的"A"为机床的结构特性代号，它属于机床特性代号，机床特性代号还包括通用特性代号。通用特性代号和结构特性代号都是用大写的汉语拼音字母来表示的。

（3）理解"6"和"1"

CA6140 中的"6"和"1"分别为机床的组、系别代号。机床的组、系别代号用数字表示，每类机床按用途、性能、结构或有派生关系分为若干组。每类机床分为 10 个组，每组分为 10 个系。

（4）理解"40"

CA6140 中的"40"为机床的主要参数代号。它包括主参数和第二主参数。

3. 车床的结构组成

卧式车床在车床中使用最多，它适合于单件、小批量的轴类、盘类工件的加工。本书以 CA6140 型卧式车床为例，介绍该车床主要组成部分的名称和作用。

CA6410 型卧式车床由床身、主轴箱、交换齿轮箱、进给箱、溜板箱、卡盘、刀架部分、尾座、冷却装置等组成，如图 1-11 所示。

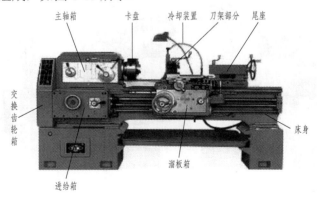

图 1-11　CA6140 型卧式车床的主要结构

（1）床身

床身是车床的大型基础部件，有两条精度要求很高的 V 形导轨和矩形导轨，主要用于支撑和连接车床的各个部件，并保证各部件在工作时有准确的相对位置。

（2）主轴箱

主轴箱又称床头箱，主要用于支撑主轴并带动工件做旋转运动。主轴箱内装有齿轮、轴等零件，以组成变速传动机构。变换主轴箱外的手柄位置，可使主轴获得多种转速，并带动装夹在卡盘上的工件一起旋转。

（3）交换齿轮箱

交换齿轮箱又称挂轮箱，主要用于将主轴箱的运动传递给进给箱。更换箱内的齿轮，配合进给箱变速机构，可以车削各种导程的螺纹（或蜗杆），并可满足车削时对纵向和横向不同进给量的需求。

（4）进给箱

进给箱又称走刀箱，是进给传动系统的变速机构。进给箱把交换齿轮箱传递来的运动，经过变速后传递给丝杠，以实现车削各种螺纹；传递给光杠，以实现机动进给。

（5）溜板箱

溜板箱接受光杠（或丝杠）传递来的运动，操纵箱外手柄和按钮，通过快移机构驱动刀架部分，实现车刀的纵向或横向运动。

（6）卡盘

卡盘用于装夹工件。

（7）刀架部分

刀架部分由床鞍、中滑板、小滑板和刀架等组成，用于装夹车刀并带动车刀做纵向运动、横向运动、斜向运动和曲线运动。

（8）尾座

尾座安装在床身导轨上，沿此导轨纵向移动，以调整其工作位置。尾座主要用来安装后顶尖，以支顶较长的工件；也可装夹钻头或铰刀等，进行孔的加工。

（9）冷却装置

冷却装置主要通过冷却泵将切削液加压后经冷却嘴喷射到切削区域。

4. 车床的润滑保养

（1）车床的润滑方式

为了保证车床的正常运转和延长其使用寿命，应注意车床的日常维护保养。车床摩擦部分必须进行润滑。车床的润滑方式见表 1-1。

（2）车床的润滑要求

图 1-12 所示为 CA6140 型车床润滑系统润滑点的位置示意图。图中除所注②处的润滑部位是用 2 号钙基润滑脂进行润滑外，其余各部位均用 30 号机油润滑。换油时，应先将废品油放尽，再用煤油把箱体内冲洗干净，然后注入新机油。注油时应用网过滤，且油面不得低于油标中心线。

表 1-1　车床的润滑方式

润滑方式	说明	图示
浇油润滑	常用于外露的润滑表面，如床身导轨面和滑板导轨面	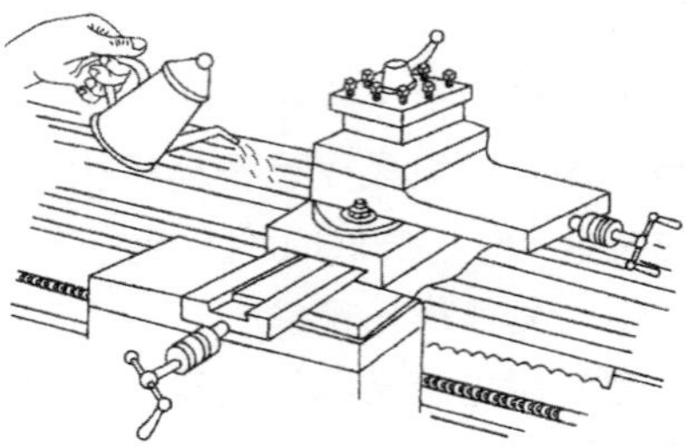
	由于长丝杠和光杠的转速较高，润滑条件较差，必须注意每班次加油，润滑油可以从轴承座上面的方腔中加入	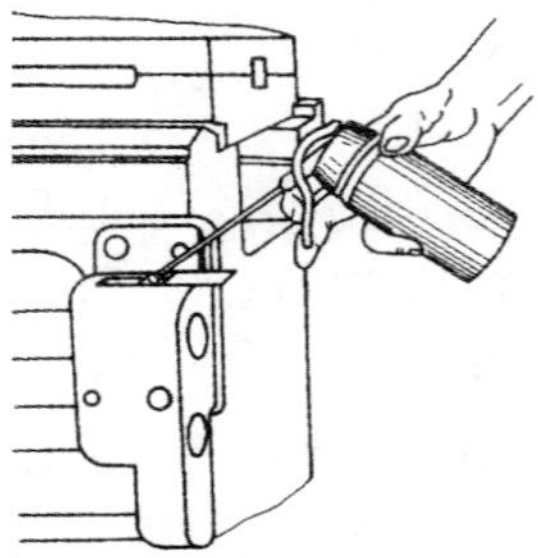
溅油润滑	常用于密封的箱体中，如车床主轴箱中的传动齿轮将箱底的润滑油溅射到箱体上部的油槽中，然后经槽内油孔流到各个润滑点进行润滑	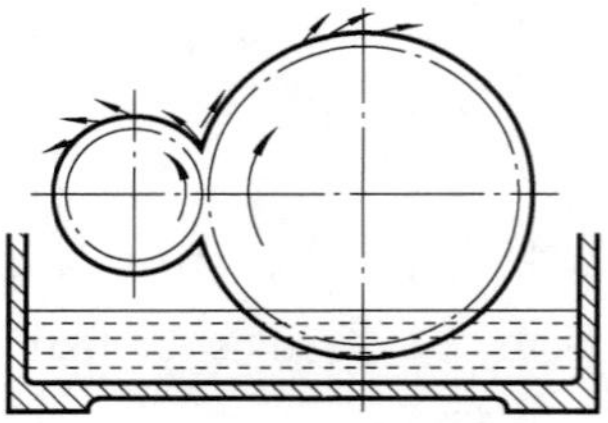
油绳导油润滑	常用于进给箱和溜板箱的油池中。利用毛线既易吸油又易渗油的特性，通过毛线把油引入润滑点，间断地滴油润滑	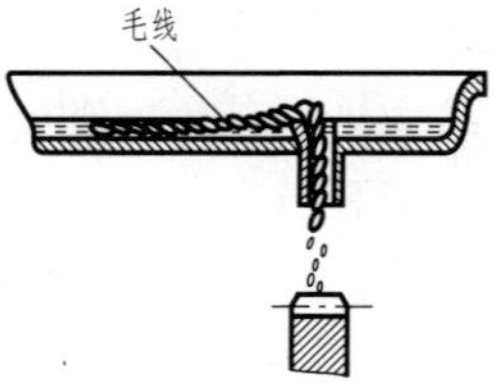
弹子油杯润滑	常用于尾座、中滑板摇手柄，以及光杠、丝杠、操纵杆支架的轴承处。定期地用油枪端头油嘴压下油杯的弹子，将油注入。油嘴撤去，弹子复位，封住油口	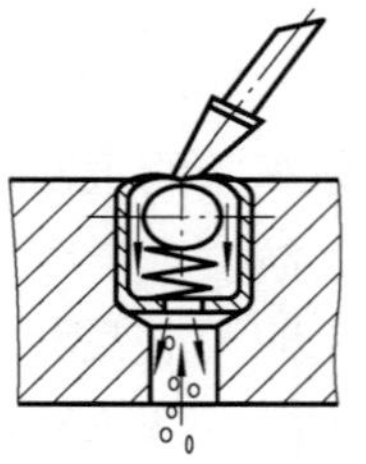

续表

润滑方式	说明	图示
黄油杯润滑	常用于润滑交换齿轮箱挂轮架的中间轴或不便经常润滑处。事先在黄油杯中装满钙基润滑脂，需要润滑时，拧进油杯盖，则杯中的油脂就被挤压到润滑点处	黄油杯　钙基润滑脂
油泵输油润滑	常用于转速高、需要大量润滑油连续强制润滑的机构。主轴箱内许多润滑点就是采用这种润滑方式	油管 分油器　油管 油管 过滤器　油管 油管 油泵 　至进给箱 　床腿 回油管 网式滤油器

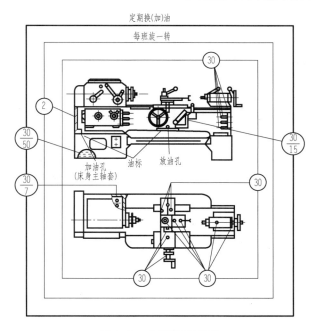

图 1-12　车床润滑部位

车床润滑的要求及具体说明如下：

1）⊖其分子数字表示润滑油类别，其分母表示两班制工作时换油间隔的天数。例如，$\frac{30}{7}$ 表示润滑油为 30 号机油，两班制工作时换油间隔天数为 7 天。

2）主轴箱的零件用油泵输油润滑或溅油润滑。箱内润滑油一般 3 个月更换一次。主轴箱体上有一个油标，当发现油标内无滑动输出时，油泵输油系统出现故障，应马上检查原因，待查明原因并修复后再动用车床。

3）进给箱内的齿轮和轴承，除了用齿轮溅油润滑外，在进给箱上部还有油绳导油润滑的储油槽，每班应给储油槽加油一次。

4）交换齿轮箱中间齿轮轴承用黄油杯润滑，每班一次。7 天加一次钙基润滑脂。

5）尾座和中、小滑板手柄及光杠、丝杠、刀架等转动部位靠弹子油杯润滑，每班一次。此外，床身导轨、滑板导轨在工作前后都应擦净，用油枪加油。

（3）车床的一级保养

通常当车床运行 500h 后，需要进行一级保养。一级保养工作以操作工人为主，在维修工人的配合下进行。

1）主轴箱的保养。

① 拆下滤油器并进行清洗，使其无杂物并进行复装。

② 检查主轴，其锁紧螺母应无松动现象，紧定螺钉应拧紧。

③ 调整制动器及离合器摩擦片的间隙。

2）交换齿轮箱的保养。

① 拆下齿轮、轴套、扇形板等进行清洗，然后复装，在黄油杯中注入新润滑脂。

② 调整齿轮啮合间隙。

③ 检查轴套，应无晃动现象。

3）刀架和滑板的保养。

① 拆下方刀架清洗。

② 拆下中、小滑板丝杠、螺母、镶条进行清洗，如图 1-13 所示。

③ 拆下床鞍导轨防尘油毛毡，如图 1-14 所示，进行清洗、加油和复装。

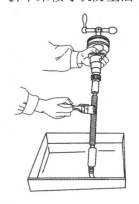
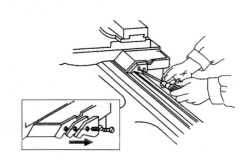

图 1-13　丝杠与螺母的清洗方法　　　　图 1-14　拆下床鞍导轨防尘油毛毡

④ 中滑板的丝杠、螺母、镶条、导轨加油后复装，调整镶条间隙和丝杠螺母间隙。

⑤ 小滑板的丝杠、螺母、镶条、导轨加油后复装，调整镶条间隙和丝杠螺母间隙。

⑥ 擦净方刀架底面，涂油、复装、压紧。

4）尾座的保养。

① 拆下尾座套筒和压紧块，如图 1-15 所示，进行清洗、涂油。

② 拆下尾座丝杠、螺母进行清洗、加油，如图 1-16 所示。

③ 清洗尾座，并加油。

④ 复装尾座部分并调整。

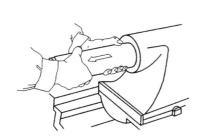

图 1-15 尾座套筒的拆卸

图 1-16 尾座丝杠、螺母的清洗

5）润滑系统的保养。

① 清洗冷却泵、滤油器和盛液盘。

② 检查并保证油路畅通，油孔、油绳、油毡应清洁、无铁屑。

③ 检查润滑油，油质应良好，油杯应齐全，油标应清晰。

6）电器的保养。

① 清扫电动机、电器箱上的尘屑。

② 电器装置应固定、齐全。

7）外表的保养。

① 清洗车床外表面及各罩盖，保持其清洁，无锈蚀、无油污。

② 清洗丝杠、光杠和操纵杆。在清洗长丝杠时，先把进给箱上操纵手柄放到光杠位置，然后用手一面转动丝杠，一面用棉纱擦洗螺纹齿面，如图 1-17 所示。

③ 检查并补齐各螺钉、手柄、手柄球。

图 1-17 长丝杠的擦洗

8）清理车床附件。中心架、跟刀架、配换齿轮、卡盘等应齐全、洁净，摆放整齐。保养工作完成时，应对各部件进行必要的润滑。

1.3 车床的基本操作

1. 车床的起动

1）检查车床各变速手柄是否处于空挡位置，离合器是否处于正确位置，操纵杆是否处于停止状态（中间位置，如图 1-18 所示）。在确认无误后，方可合上车床电源总开关（交换齿轮箱上方），接通电源。

2）按下车床主轴电动机起动按钮（绿色按钮），电动机起动，向上提起操纵杆手柄（简称操纵杆），主轴（卡盘）正转，如图 1-19（a）所示。向下按下操纵杆手柄，主轴（卡盘）反转，如图 1-19（b）所示。

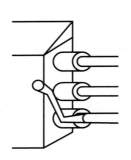

图 1-18 操纵杆停止状态（中间位置）

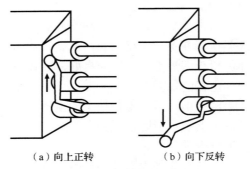

（a）向上正转　　　　　（b）向下反转

图 1-19 车床起动操作

2. 螺纹旋向的变换

螺纹旋向的变换是用螺纹旋向变换手柄来传递与改变运动的方向，它处于车床主轴箱的左侧，如图 1-20 所示。

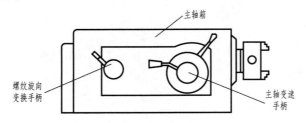

图 1-20 螺纹旋向变换手柄在主轴箱的位置

螺纹旋向变换手柄共有 4 个挡位，用于螺纹左、右旋向的变换及加大螺距，如图 1-21 所示。螺纹旋向变换手柄处于左上侧位置时，主轴箱以正方向将运动传递给其他构件；处于中间位置时，无运动传出；处于右上侧位置时，主轴箱以反方向将运动传递给其他构件；处于左下侧位置时，为左旋加大运动传递；处于右下侧时，为右旋加大运动传递。

3. 主轴变速手柄的操作

车床主轴的变速是通过改变主轴箱正面右侧的两个叠套手柄（也称变速手柄）的位置来控制的。将两个手柄拨到不同的位置即可获得相应的主轴转速。后面的手柄对应色块，共有红、黑、黄、蓝 4 种颜色（另有两个空白圆点，表示空挡位）；前面的手柄对应数字（即主轴转速），如图 1-22 所示。

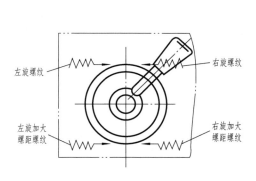

图 1-21　螺纹旋向变换手柄

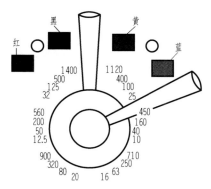

图 1-22　主轴变速手柄

变换转速时，先转动后面的手柄，将其转至所需转速的色块位置；再转动前面的手柄至速度数字区。

练一练　变换转速

将转速变换为 400r/min。

操作如下：

01 转动后面的手柄，将其转至黑色块位置，如图 1-23（a）所示。

02 转动前面的手柄至 400r/min 速度区，如图 1-23（b）所示。

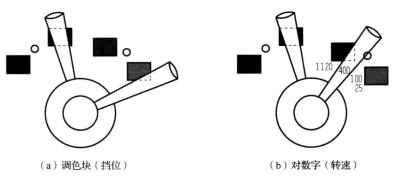

（a）调色块（挡位）　　　　　　　　（b）对数字（转速）

图 1-23　400r/min 转速变换的操作

当各手柄转不动时，可用手先拨动一下卡盘，再转动各手柄。

4. 进给箱手柄的操作

如图 1-24 所示，进给箱正面左侧有一个手轮（进给变速手轮），它有 1、2、3、4、5、6、7、8 挡。右侧有前后叠套的两个手柄，前面的手柄是丝杠、光杠变速手柄，有 A、B、C、D 挡；后面的手柄有 I 、 II 、 III 、 IV 挡。手轮与手柄配合，可以调整加工进给量或螺纹螺距。

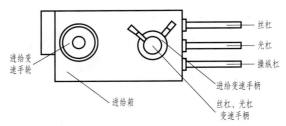

图 1-24　进给箱各手柄位置

在实际操作中，选择和调整进给量时应对照车床进给调配表并结合进给变速手轮与丝杠、光杠变速手柄进行。车床进给调配表如图 1-25 所示。

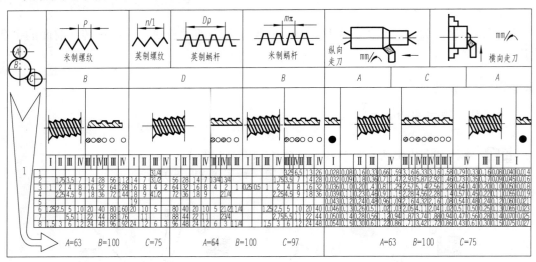

图 1-25　车床进给调配表

操作时先根据要求，在进给调配表上查找到进给量的相应位置信息；再调整进给变速手轮（将进给变速手轮向外拉出，然后转至需要的位置，再将其推进）；最后调整丝杠、光杠变速手柄和进给变速手轮。

练一练　调纵向进给量

将纵向进给量调至 0.24mm/min。

操作如下：

01　根据要求，在进给调配表上查找纵向进给量 0.24mm/min 的相应位置信息。如图 1-26 所示，查得纵向进给量 0.24mm/min 的相应位置为 A、 II 、5。

02 根据查得的位置数字，将左侧进给变速手轮向外拉出，然后转至 5 的位置，再将其推进，如图 1-27 所示。

03 将丝杠、光杠变速手柄调整至 A 挡位置；再将进给变速手柄调至 Ⅱ 处位置，如图 1-28 所示。

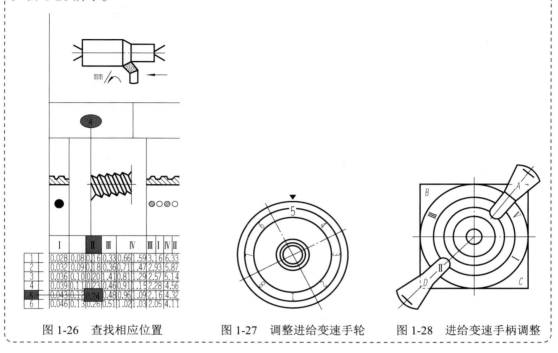

图 1-26　查找相应位置　　　　图 1-27　调整进给变速手轮　　　图 1-28　进给变速手柄调整

5. 溜板箱的操作

溜板箱包括床鞍、中滑板、小滑板、刀架及箱外的各种操作手柄。溜板箱及其各部分名称如图 1-29 所示。

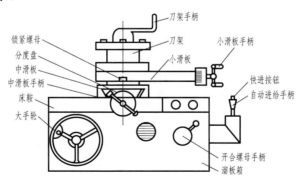

图 1-29　溜板箱及其各部分名称

（1）手动操作

车床溜板箱的手动操作项目包括床鞍、中滑板、小滑板和刀架的手动操作，见表 1-2。

表 1-2　溜板箱的手动操作

操作项目	操作说明	图示
床鞍的操作	双手握住床鞍手轮，连续、匀速地左右（纵向）移动床鞍。逆时针转动床鞍手轮，床鞍向左移动；顺时针转动床鞍手轮，床鞍向右移动（床鞍手轮上的刻度盘圆周共有300格，每一格 1mm，即床鞍手轮每转一格，溜板箱纵向移动 1mm）	
中滑板的操作	双手握住中滑板手柄，沿横向交替连续、匀速做进刀或退刀操作。顺时针转动中滑板手柄，中滑板做进刀运动；逆时针转动中滑板手柄，中滑板做退刀运动（中滑板手柄上的刻度盘圆周共有100格，每一格 0.05mm，即中滑板手柄每转一格，中滑板横向移动 0.05mm）	
小滑板的操作	双手握住小滑板手柄，沿纵向交替地做连续、匀速的移动操作。顺时针转动小滑板手柄，小滑板向左移动；逆时针转动小滑板手柄，小滑板向右移动（和中滑板一样，小滑板手柄上的刻度盘圆周共有100格，每一格 0.05mm，即小滑板手柄每转一格，小滑板纵向移动 0.05mm）	
刀架的操作	左手扶住刀架，右手大鱼际部位（大拇指下面的肌肉）用力逆时针推动刀架手柄，刀架松开，可做逆时针转动，以调换车刀；右手手掌握住刀架手柄，顺时针转动刀架则刀架被锁紧	刀架手柄

小贴士

　　丝杠和螺母之间往往存在间隙，因此会产生空行程（即刻度盘转动而滑板未移动）。使用时必须慢慢地旋转刻度盘手柄。如果不小心转过了所需刻度格，绝不能简单地直接退回几格，必须向相反方向退回全部空行程，再转至所需要的格数处，如图1-30所示。

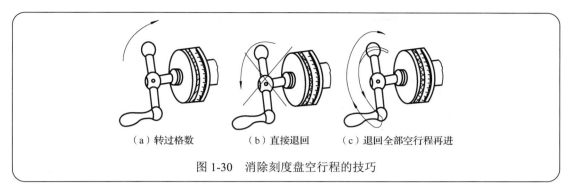

（a）转过格数　　　（b）直接退回　　　（c）退回全部空行程再进

图 1-30　消除刻度盘空行程的技巧

（2）机动操作

如图 1-31 所示，电动机驱动 V 带轮，通过 V 带把运动输入主轴箱，再通过变速机构变速，使主轴得到各种不同的转速，再经卡盘带动工件做旋转运动。同时，主轴箱把旋转运动输入交换齿轮箱，再通过进给箱变速后由丝杠或光杠驱动溜板箱、溜板、刀架，通过一系列复杂的传动机构，从而控制车刀的运动轨迹来完成各种表面的车削工作。

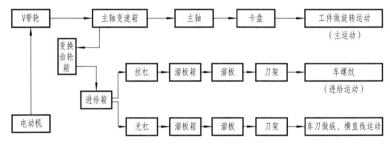

图 1-31　CA6140 型卧式车床的传动系统

车床的纵、横向机动进给和快速移动采用单手操作。自动进给手柄（图 1-32）在溜板箱的右侧，可沿十字槽纵、横扳动，手柄处在中间位置时进给停止。在自动进给手柄上面有一快进按钮，按下此按钮，快速电动机工作，床鞍或中滑板按手柄扳动方向做纵、横向快速移动；松开按钮，快速移动中止。

（3）开合螺母手柄的操作

开合螺母手柄位于溜板箱前面右侧，向上提起开合螺母手柄，则丝杠与溜板箱运动断开，由光杠带动溜板箱纵向进给，用于车削加工；向下扳动手柄，开合螺母与丝杠啮合，丝杠带动溜板箱纵向进给，用于车削螺纹。开合螺母手柄的操作如图 1-33 所示。

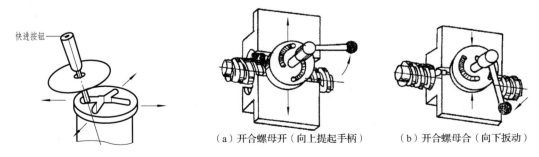

快进按钮

（a）开合螺母开（向上提起手柄）　　（b）开合螺母合（向下扳动）

图 1-32　自动进给手柄　　　　　图 1-33　开合螺母手柄的操作

6. 尾座的操作

尾座可沿着床身导轨移动，其结构如图 1-34 所示。根据需要，尾座上可安装麻花钻等，对零件进行加工；也可安装顶尖，用来装夹零件。

逆时针扳动尾座固定手柄，使之处于位置 1，尾座可固定在床身上的任一位置；顺时针扳动尾座固定手柄，使之处于位置 2，尾座可沿床身导轨做纵向移动，如图 1-35 所示。顺时针转动尾座手轮，尾座套筒向前伸出；逆时针转动尾座手轮，套筒退回。顺时针转动套筒固定手柄，则套筒锁紧，手轮转动被制止；逆时针转动套筒固定手柄，手轮则可转动。

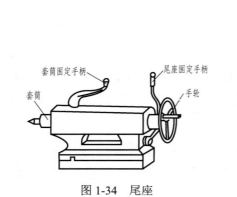

图 1-34　尾座　　　　　　　　图 1-35　尾座的操作

1.4

常用量具的认知与使用

1. 游标卡尺的认知与使用

游标卡尺是车工常用的中等精度的通用量具，其结构简单，使用方便。按式样不同，游标卡尺可分为三用游标卡尺和双面游标卡尺。

（1）游标卡尺的结构

1）三用游标卡尺的结构。如图 1-36 所示，三用游标卡尺主要由尺身、游标、紧固螺钉、上量爪、下量爪和深度尺等组成。其中，上量爪用来测量孔径和槽宽，下量爪用来测量工件的外径和长度，深度尺用来测量工件的深度和台阶长度。使用时，旋松固定游标用的紧固螺钉即可测量。

2）双面游标卡尺的结构。如图 1-37 所示，双面游标卡尺主要由尺身、游标、紧固螺钉、微调装置、微调装置坚固螺钉、上量爪和下量爪等组成。为了调整尺寸方便和测量准确，双面游标卡尺在其游标上增加了微调装置。旋紧固定微调装置的紧固螺钉，再松开紧固螺钉，用手指转动滚花螺母，通过小螺杆即可微调游标。

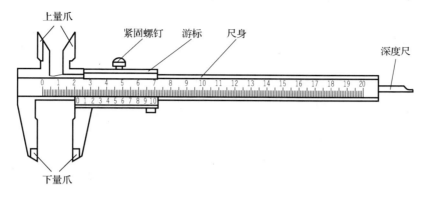

图 1-36 三用游标卡尺的结构

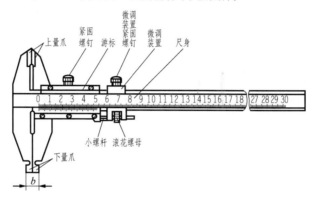

图 1-37 双面游标卡尺的结构

 小贴士

在使用双面游标卡尺下量爪测量工件孔径时，游标卡尺的读数值必须加上下量爪厚度 b 的值（b 一般为 10mm）。

（2）游标卡尺的读数方法

1）游标卡尺的读数原理。游标卡尺的测量范围分别为 0～125mm、0～150mm、0～200mm、0～300mm 等。其测量精度有 0.02mm、0.05mm、0.1mm 三种。

常用游标卡尺的测量精度为 0.02mm，这种游标卡尺尺身上每小格为 1mm，游标总长为 49mm，并分为 50 格，因此每格为 49÷50＝0.98（mm），如图 1-38 所示。这样，尺身和游标相对一格之差就为 1－0.98＝0.02（mm）。

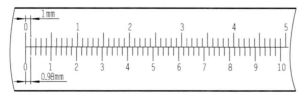

图 1-38 0.02mm 精度游标卡尺的读数原理

2）认读方法。游标卡尺是以游标的零位线为基准进行读数的，分为以下 3 个步骤。现以图 1-39 所示的精度为 0.02mm 的游标卡尺为例进行说明。

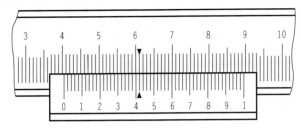

图 1-39　游标卡尺的读数示例

① 读整数：夹住被测工件后，从刻度线的正面正视刻度读取数值，读出游标零位线左面的尺身上的整毫米值。从图 1-39 中可看出，游标零位线左面尺身上的整毫米值为 40。

② 读小数：用与尺身上某刻线对齐的游标上的刻线格数，乘以游标卡尺的测量精度值，得到小数部分。从图 1-39 中可看出，游标上是第 21 根刻线与尺身上的刻线对齐，因此小数部分为 $0.02 \times 21 = 0.42$。

③ 整数加小数：两项读数相加所得值就是被测表面的尺寸。$40 + 0.42 = 40.42$，即所测工件的尺寸为 40.42mm。

（3）游标卡尺的使用

1）使用方法。图 1-40 所示为游标卡尺不同测量状况下的正确使用方法。

（a）测量直径

（b）测量孔径

（c）测量深度

图 1-40　游标卡尺的使用方法

2）注意事项。使用游标卡尺要做到以下几点：

① 测量前，先用棉纱把卡尺和工件被测量部位都擦干净，并进行零位复位检测（当两个量爪合拢在一起时，尺身和游标上的两个零位线应对齐，两量爪应密合、无缝隙），如图 1-41 所示。

② 测量时，轻轻接触工件表面，手推力不要过大，量爪和工件的接触力要适当，不能过松或过紧，并应适当摆动卡尺，使卡尺和工件接触完好。

图 1-41　游标卡尺零位复位检测

③ 测量时，要注意卡尺与被测表面的相对位置，应把卡尺的位置放正确后再读尺寸，或者测量后量爪不动，将游标卡尺上的螺钉拧紧，把卡尺从工件上拿下来后再读测量尺寸。

④ 为了得出准确的测量结果，应在同一个工件上进行多次测量。

⑤ 读数时，眼睛要正视刻度，因为偏视往往出现读数误差。

2. 千分尺的认知与使用

千分尺是生产中常用的一种精密量具。它的测量精度为 0.01mm。其种类很多，按用途可分为外径千分尺、内径千分尺、深度千分尺、内测千分尺、螺纹千分尺和壁厚千分尺等。

（1）千分尺的结构

千分尺由尺架、固定测砧、测微螺杆、固定套管、微分筒、测力装置和锁紧装置等组成，如图 1-42 所示。

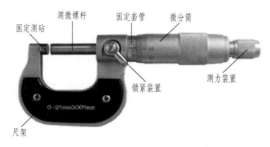

图 1-42　千分尺的结构

（2）千分尺的读数方法

1）千分尺的读数原理。受测微螺杆长度的制造限制，千分尺的规格按测量范围分为 0～25mm、25～50mm、50～75mm、75～100mm、100～125mm 等，使用时按被测量工件的尺寸选用。

千分尺测微螺杆上的螺距为 0.5mm，当微分筒转过一圈时，测微螺杆就沿轴向移动 0.5mm。固定套管上刻有间隔为 0.5mm 的刻线，微分筒圆锥面的圆周上共刻有 50 格，因此微分筒每转一格，测微螺杆就移动 0.5mm，因此千分尺的精度为 0.01mm。

2）读数方法。现以图 1-43 所示的 0～25mm 规格的千分尺为例，介绍其读数方法。

① 读最大刻线值：读出固定套管上露出刻线的整毫米数和半毫米数（注意：固定套管上下两排刻线的间距为每格 0.5mm），即可读出 4+0.5＝4.5（mm）。

图 1-43　千分尺的读数示例

② 读小数：读出与固定套管基准线对准的微分筒上的格数，乘以千分尺的分度值 0.01mm，即为 41×0.01＝0.41（mm）。

③ 相加：将两读数相加，即为被测表面的尺寸，其读数为 4.5+0.41＝4.91（mm）。

（3）千分尺的使用

1）使用方法。使用千分尺测量工件时，千分尺可单手握、双手握，或将千分尺固定在尺架上，如图 1-44 所示。

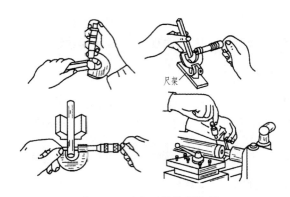

图1-44　千分尺的使用方法

2）注意事项。使用千分尺时应注意：

① 千分尺是一种精密量具，不宜测量粗糙毛坯面。

② 在测量工件之前，应检查千分尺的零位，即检查千分尺微分筒上的零线和固定套筒上的零线基准是否对齐（图1-45）。如不对齐，应加以校正。

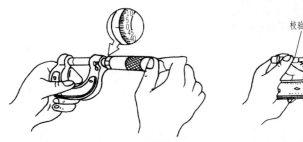

（a）0～25mm千分尺零位的检查　　　　（b）大尺寸千分尺零位的检查

图1-45　千分尺零位的检查

③ 测量时，转动测力装置和微分筒，到测微螺杆和被测量面轻轻接触而内部发出棘轮"吱吱"响声为止，这时就可读出测量尺寸。

④ 测量时要把千分尺放正，千分尺上的测量面要在被测量面上放平、放正。

⑤ 加工铜件和铝件时，它们的线胀系数较大，切削中遇热膨胀而使工件尺寸增加。所以，要先浇切削液再测量，否则，测出的尺寸易出现误差。

⑥ 不能用手随意转动千分尺，如图1-46所示，以防损坏千分尺。

图1-46　用手旋转千分尺

3. 百分表的认知与使用

百分表又称丝表，是一种指示式量具，其指示精度为0.01mm（指示精度为0.001mm或0.002mm的称为千分表，也称秒表）。常用的百分表有钟表式和杠杆式两种，如图1-47所示。

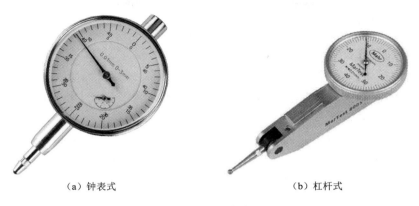

（a）钟表式 （b）杠杆式

图 1-47 百分表

（1）百分表的工作原理

1）钟表式百分表的工作原理。钟表式百分表的工作原理如图 1-48 所示，测量杆上铣有齿条，与小齿轮啮合，小齿轮与大齿轮 1 同轴，并与中心齿轮啮合。中心齿轮上装有大指针。因此，当测量杆移动时，小齿轮与大齿轮 1 转动，这时中心齿轮与其轴上的大指针也随之转动。

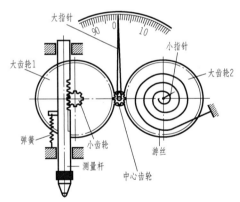

图 1-48 钟表式百分表的工作原理

测量杆上的齿条齿距为 0.625mm，小齿轮的齿数为 16 齿，大齿轮 1 的齿数为 100 齿，中心齿轮的齿数为 10 齿。当测量杆移动 1mm 时，小齿轮转动 1÷0.625＝1.6（齿），即 1.6÷16＝1/10（转），同轴的大齿轮 1 也转过了 1/10 转，即转过 10 个齿。这时中心齿轮连同大指针正好转过一周。由于表面上刻度等分为 100 格，因此，当测量杆移动 0.01mm 时，大指针转过 1 格。百分表的工作原理用数学表达如下：

当测量杆移动 1mm 时，大指针转过的转数 n 为

$$n=\frac{\dfrac{1}{0.625}}{16}\times\frac{100}{10}=1（转）$$

由于表面刻度等分为 100 格，因此大指针转 1 格的读数值 a 为

$$a = \frac{1}{100} = 0.01 \text{（mm）}$$

由上可知，百分表的工作原理是将测量杆的直线移动，经过齿条齿轮的传动放大，转变为指针的转动。大齿轮 2 在游丝扭力的作用下与中心齿轮啮合靠向单面，以消除齿轮啮合间隙所引起的误差。在大齿轮 2 的轴上装有小指针，用于记录大指针的回转圈数（即毫米数）。

2）杠杆式百分表的工作原理。杠杆式百分表的工作原理如图 1-49 所示，球面测杆与扇形齿轮靠摩擦连接，当球面测杆向上（或下）摆动时，扇形齿轮带动小齿轮转动，再经齿轮 2 和齿轮 1 带动指针转动，这样就可在表上读出测量值。

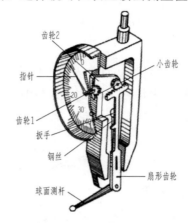

图 1-49　杠杆式百分表的工作原理

杠杆式百分表的球面测杆臂长 $l = 14.85$mm，扇形齿轮圆周展开齿数为 408 齿，小齿轮为 21 齿，齿轮 2 圆周展开齿数为 72 齿，齿轮 1 为 12 齿，百分表表面分为 80 格。当球面测杆转动 0.8mm（弧长）时，指针的转数 n 为

$$n = \frac{0.8}{2\pi \times 14.85} \times \frac{408}{21} \times \frac{72}{12} \approx 1 \text{（转）}$$

由于表面等分成 80 格，因此指针每一格表示的读数值 a 为

$$a = \frac{0.8}{80} = 0.01 \text{（mm）}$$

由此可知，杠杆式百分表是利用杠杆和齿轮放大原理制成的。杠杆式百分表的球面测杆可以自下向上摆动，也可自上向下摆动。当需要改变方向时，只要扳动扳手，通过钢丝使扇形齿轮靠向左面或右面。测量力由钢丝产生，它还可以消除齿轮啮合间隙。

（2）百分表的使用

1）使用方法。百分表一般用磁性表座固定，用来测量工件的尺寸、几何公差等。使用钟表式百分表测量时，测量杆应垂直于测量表面，使指针转动 1/4 周，然后调整百分表的零位，如图 1-50（a）所示；杠杆式百分表的使用较为方便，当需要改变方向测量时，只需扳动扳手，如图 1-50（b）所示。

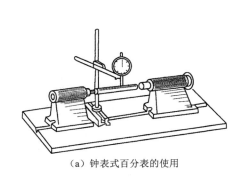 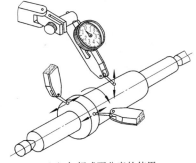

（a）钟表式百分表的使用　　　　（b）杠杆式百分表的使用

图 1-50　百分表的使用方法

2）注意事项。使用百分表时应注意：

① 百分表是精密量具，严禁在粗糙表面上进行测量。

② 测量时，测量头与被测量表面接触并使测量头向表内压缩 1～2mm，然后转动表盘，使指针对正零线，再将测量杆上下提几次，待表针稳定后再进行测量，如图 1-51 所示。

③ 测量时，测量头和被测量表面尽量互相垂直，以便减小误差，保证测量准确。

④ 不能随意拆卸百分表的零部件。

⑤ 测量杆上不要加油，否则油液进入表内会形成污垢而降低百分表的灵敏度。

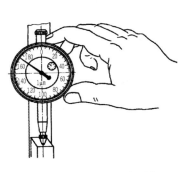

图 1-51　调整百分表零位

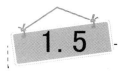

1.5　工件的装夹与找正

1. 工件的一般装夹方法

（1）自定心卡盘装夹

自定心卡盘如图 1-52 所示，它的 3 个卡爪是同步运动的，能自动定心，装夹工件方便、迅速，装夹后一般不需要找正，但在装夹较长的工件时，工件离卡盘较远处的旋转轴线不一定与车床主轴的旋转轴线重合，这时就必须找正。另外，其夹紧力较小，适用于装夹外形规则的中、小型工件。

自定心卡盘有正卡爪和反卡爪，正卡爪用于装夹外圆直径较小和内孔直径较大的工件，反卡爪用于装夹外圆直径较大的工件，如图 1-53 所示。

图 1-52　自定心卡盘

（a）正卡爪　　　　（b）反卡爪

图 1-53　卡盘的应用

练一练　自定心卡盘装夹轴类工件

用自定心卡盘装夹轴类工件的操作如下：

01　将卡盘扳手插入方孔内转动，使 3 个卡爪张开，张开量略大于工件直径，如图 1-54（a）所示。

02　右手持稳工件，将工件水平放入卡爪内，左手转动卡盘扳手，夹住工件，如图 1-54（b）所示。

03　双手握住卡盘扳手，顺时针转动卡盘扳手（或用加力杆套在卡盘扳手上），夹紧工件，如图 1-54（c）所示。

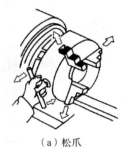

（a）松爪　　　　　（b）装夹　　　　　（c）夹紧

图 1-54　自定心卡盘装夹工件的操作

（2）单动卡盘装夹

单动卡盘如图 1-55 所示，它有 4 个各不相关的卡爪，每个卡爪背面有一半瓣内螺纹与夹紧螺杆啮合，4 个夹紧螺杆的外端有方孔，用来安装插卡盘扳手的方榫。用扳手转动某一夹紧螺杆时，与其啮合的卡爪就能单独移动，以适应工件大小的需要。

图 1-55　单动卡盘

小贴士

根据车削时加工的需要，有时也将 1 个反爪和 3 个正爪一起使用来装夹工件，如图 1-56 所示。

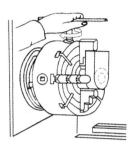

图 1-56　正反爪混用装夹工件

练一练　单动卡盘装夹轴类工件

用单动卡盘装夹轴类工件的操作如下：

01　根据工件装夹处的尺寸，以卡盘平面多圈同心圆线作为参考来调节卡爪，以使各爪至中心的距离基本相同，使相对两爪的距离稍大于工件尺寸，如图 1-57（a）所示。

02　将工件放入卡爪内，用右手拿住，观察工件与卡爪之间的间隙，左手用卡盘扳手将相对应的两卡爪旋进相同的距离，直至夹紧工件，接着用同样的方法将另一对卡爪旋紧，如图 1-57（b）所示。

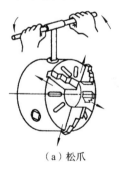 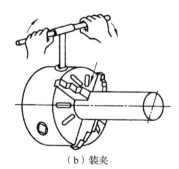

（a）松爪　　　　　　　　　　　　（b）装夹

图 1-57　单动卡盘装夹工件的操作

（3）一夹一顶装夹

当装夹较重的工件时，可将工件一端用自定心卡盘（或单动卡盘）夹紧，另一端用后顶尖支顶，如图 1-58 所示。这种装夹方法称为一夹一顶装夹。

为了防止进给力使工件产生轴向移动，可以在主轴前端锥孔内安装限位支撑，如图 1-59（a）所示；也可以利用工件的台阶进行限位，如图 1-59（b）所示。由于一夹一顶装夹安全可靠，能承受较大的进给力，因

图 1-58　一夹一顶装夹工件

此应用广泛。

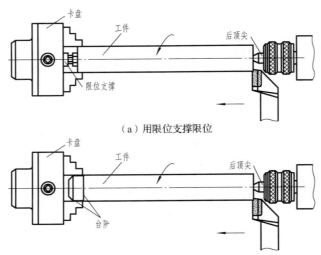

（a）用限位支撑限位

（b）利用工件的台阶限位

图 1-59 一夹一顶装夹时工件的限位

（4）两顶尖装夹

对于较长或必须经过多道工序才能完成的工件，则采用两顶尖装夹。两顶尖装夹工件如图 1-60 所示。

图 1-60 两顶尖装夹工件

图 1-61 前后顶尖相对位置的找正

两顶尖装夹方便，定位精度高，不需找正，但装夹前必须先在工件两端面钻中心孔。同时，工件在用两顶尖装夹时，应先检查前后顶尖是否对齐，如图 1-61 所示。若未对准，则应调整尾座的调整螺栓至符合要求。它适用于质量较小的工件的装夹。受切削力的影响，其切削用量的选择受到限制。

2. 工件的找正

（1）工件在自定心卡盘上的找正

工件在自定心卡盘上找正的方法有很多，其要求是使工件的回转中心与车床主轴的回转中心重合。

1）目测法。当工件伸出较长或工件弯曲时用目测法找正。将自定心卡盘慢速旋转，然后慢慢停车，在将停未停的状态下用双眼平视工件并目测工件的跳动情况，距离眼睛近的跳动为偏心点，用软于工件的棒、锤等物敲击偏心侧，重复以上操作直至找正，如图 1-62 所示。

2）用划针找正。在自定心卡盘上装夹加工表面，有时用划针盘找正。用卡盘轻轻夹住工件，将划针盘放置在适当位置，使划针尖端指向工件悬伸端外圆柱表面，用手轻轻拨动卡盘，使其缓慢转动，观察划针尖与工件表面接触情况，如图 1-63 所示。并用铜锤轻轻敲击工件悬伸端，直至全圆周划针与工件表面间隙均匀一致，找正结束。

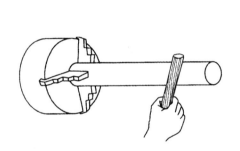
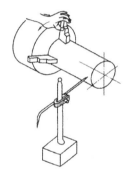

图 1-62　目测法找正　　　　　　图 1-63　用划针找正轴类工件

　　用划针找正工件时，应将主轴箱变速手柄置于空挡，以利于轻松转动卡盘。且工件在调头装夹找正时，一定要找正已加工表面，如图 1-64 所示。

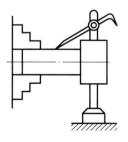

图 1-64　工件调头的找正

3）用百分表找正。精加工时，用百分表找正。用卡盘夹住工件，将磁性表座吸在车床固定不动的表面（如导轨面）上，调整表架位置使百分表触头垂直指向工件悬伸端外圆柱表面。对于直径较大而轴向长度不大的盘形工件，可将百分表触头垂直指向工件端面的外缘处，如图 1-65 所示，使百分表触头预先压下 0.5～1mm。用相同的方法扳动卡盘缓慢转动，并找正工件，至每转中百分表读数的最大差值在 0.10mm 以内（或视工件的精度要求），找正结束。

4）用圆头铜棒找正。装夹经粗加工端面后的盘类工件时，用圆头铜棒找正。如图 1-66 所示，先在刀架上夹持一圆头铜棒，然后用卡盘轻轻夹住工件，使主轴低速转动，再移动床鞍和中滑板，使刀架上的圆头铜棒轻轻接触和挤压工件端面的外缘，当目测工件端面基本与主轴轴线垂直后，退出铜棒。最后停车夹紧。

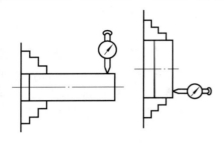
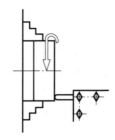

图 1-65　用百分表找正工件　　　　图 1-66　用圆头铜棒找正工件

（2）工件在单动卡盘上的找正

由于单动卡盘的 4 个爪各自独立运动，装夹时不能自动定心，因此必须使工件加工部位的旋转轴线与车床主轴旋转轴线重合后才可车削。

工件在单动卡盘上的找正方法如下：

01　工件装夹完成后，将划针靠近工件外圆表面，用手转动卡盘，观察工件与划针间的间隙，调整相应的卡爪位置，如图 1-67（a）所示。

02　先使划针靠近工件端面外缘处，用手缓慢转动卡盘，观察划针与工件表面间的间隙，找出离划针最近的位置，然后用铜棒或铜锤轻轻地向里敲击，如图 1-67（b）所示。

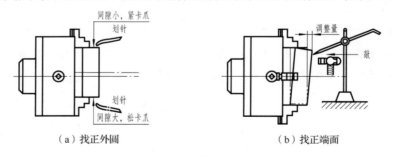

（a）找正外圆　　　　　　　　　　（b）找正端面

图 1-67　工件在单动卡盘上的找正

　　找正外圆时，卡爪的调整量为间隙的一半。处于小间隙位置的卡爪要向靠近圆心方向调整（紧卡爪），处于大间隙位置的卡爪则向远离圆心方向调整（松卡爪）。在找正近卡盘端处极小的径向跳动时，不要盲目地松开卡爪，可将离旋转中心较远的卡爪再进行夹紧来做微小的调整。

1.6

车刀的刃磨

1. 常用车刀的种类与用途

车刀是车削加工中必不可少的刀具。车刀的种类多，按不同的用途分类，车刀分为外圆车刀、切断刀、内孔车刀、成形车刀和螺纹车刀等，见表1-3。

表1-3 常用车刀的种类与用途

种类		外形图	用途	种类	外形图	用途
外圆车刀	90°车刀（偏刀）		车削工件的外圆、台阶和端面	内孔车刀		车削工件的内孔
	75°车刀		车削工件的外圆和端面	成形车刀（圆头刀）		车削工件的圆弧面或成形面
	45°车刀（弯头刀）		车削工件的外圆、端面和倒角			
切断刀			切断工件或在工件上车槽	螺纹车刀		车削螺纹

2. 车刀的结构组成

车刀由刀头和刀柄两部分组成。刀头用来切削工件，故又称切削部分；刀柄用来把车刀装夹在刀架上。刀头由若干刀面和切削刃组成，如图1-68所示。

1）前面：刀具上切屑流过的表面，用符号 A_γ 表示。

2）主后面：与工件上过渡表面相对的刀面，用符号 A_α 表示。

3）副后面：与工件上已加工表面相对的刀面，用符号 A'_α 表示。

4）主切削刃：前面与主后面的交线，它担负着主要的切削工作，与工件上的过渡表面相切，用符号 S 表示。

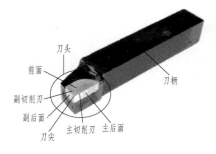

图 1-68　车刀的组成

5）副切削刃：前面与副后面的交线，它配合主切削刃完成少量的切削工作，用符号 S' 表示。

6）刀尖：主切削刃与副切削刃的交点，为了提高刀尖强度和延长车刀寿命，多半刀头磨成圆弧或直线形过渡刃，如图 1-69 所示。

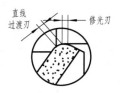

图 1-69　过渡刃与修光刃

7）修光刃：副切削刃上，近刀尖处一小段平直的切削刃，如图 1-69 所示。它在切削时起修光已加工表面的作用。装刀时必须使修光刃与进给方向平行，且修光刃的长度必须大于进给量才能起到修光作用。

3. 车刀的几何角度与作用

（1）确定车刀几何角度的辅助平面

为确定和测量车刀的几何角度，通常假设以下 3 个辅助平面为基准，如图 1-70 所示。

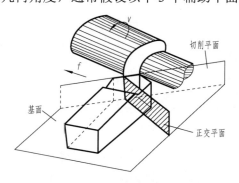

图 1-70　确定车刀几何角度的 3 个辅助平面

1）切削平面：通过刀刃上的任意一点，与工件加工表面相切的平面，用符号 p_s 表示。

2）基面：通过主切削刃上的任意一点，并垂直于切削速度方向的平面，用符号 p_r 表示。

3）正交平面：通过主切削刃上的任意一点，并与主切削刃在基面上的投影垂直的平面，用符号 p_o 表示。

（2）车刀的主要几何角度

车刀切削部分共有 6 个独立的基本角度，它们是主偏角、副偏角、前角、主后角、副后角和刃倾角；还有 2 个派生角度——刀尖角和楔角，如图 1-71 所示。车刀切削部分几何角度的定义、作用与初步选择见表 1-4。

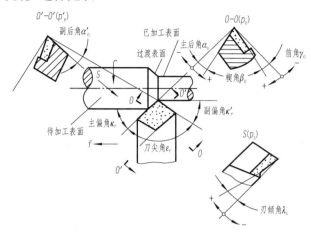

图 1-71　车刀切削部分的主要角度

表 1-4　车刀切削部分几何角度的定义、作用与初步选择

	名称	代号	定义	作用	初步选择
主要角度	主偏角	κ_r	主切削刃在基面上的投影与进给运动方向之间的夹角。常用车刀主偏角有 45°、75°、90° 等	改变主切削刃的受力、导热能力，影响切屑的厚度	刚性差应选用大的主偏角；反之，则选用较小的主偏角
	副偏角	κ_r'	副切削刃在基面上的投影与背离进给运动方向之间的夹角	减小副切削刃与工件已加工表面的摩擦，影响工件表面质量及车刀强度	粗车时，副偏角选稍大些；精车时，副偏角选稍小些。一般情况下，副偏角取 6°～8°
	前角	γ_o	前面与基面间的夹角	影响刃口的锋利程度和强度，影响切削变形和切削力	1. 车弹塑性材料或硬度较低的材料时，可取较大的前角；车脆性材料或硬度较高的材料时，则取较小的前角 2. 粗加工时取较小的前角，精加工时取较大的前角 3. 车刀材料的强度较小、韧性较差时，前角应取较小值；反之，可取较大值
	主后角	α_o	主后面与主切削平面间的夹角	减小车刀主后面与工件过渡表面间的摩擦	车刀主后角一般选择 4°～12°
	副后角	α_o'	副后面与副切削平面间的夹角	减小车刀副后面与工件已加工表面的摩擦	副后角一般磨成与主后角大小相等
	刃倾角	λ_s	主切削刃与基面间的夹角	控制排屑方向	见表 1-5 中的适用场合
派生角度	刀尖角	ε_r	主、副切削刃在基面上的投影间的夹角	影响刀尖强度和散热性能	用下式计算： $\varepsilon_r = 180° - (\kappa_r + \kappa_r')$
	楔角	β_o	前面与后面间的夹角	影响刀头截面的大小，从而影响刀头的强度	用下式计算： $\beta_o = 90° - (\alpha_o + \alpha_o')$

表 1-5　车刀刃倾角的正负值规定

内容	说明与图示		
	正值	零度	负值
正负值规定	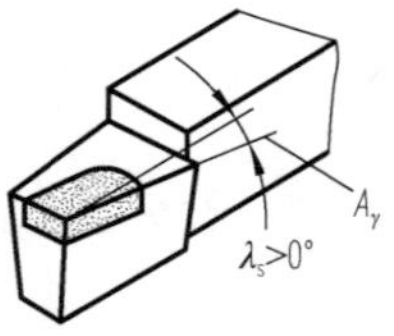	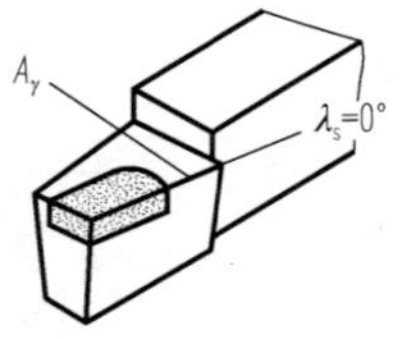	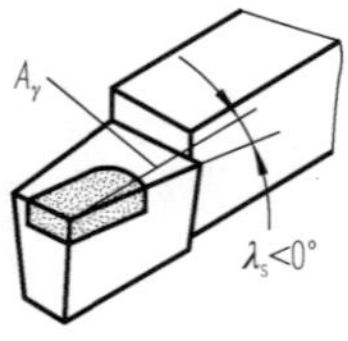
	刀尖位于主切削刃最高点	和主切削刃等高（在同一平面）	刀尖位于主切削刃最低点
排屑情况	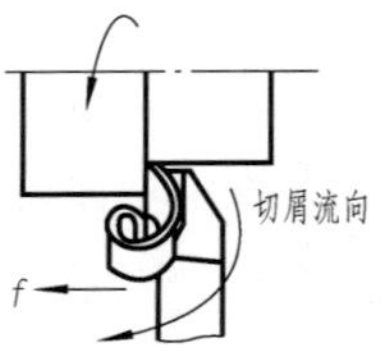	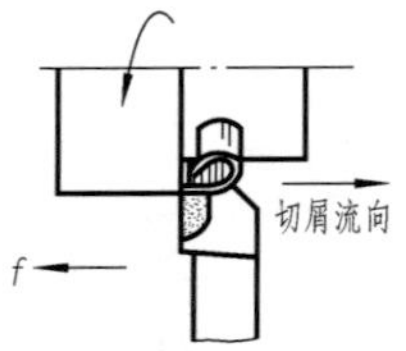	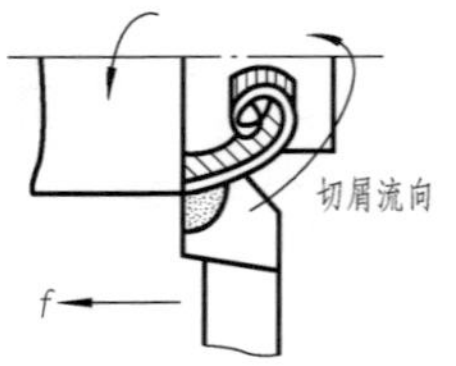
	切屑向待加工表面方向排出	切屑向垂直于主切削刃方向排出	切屑向已加工表面方向排出
刀头受力点位置	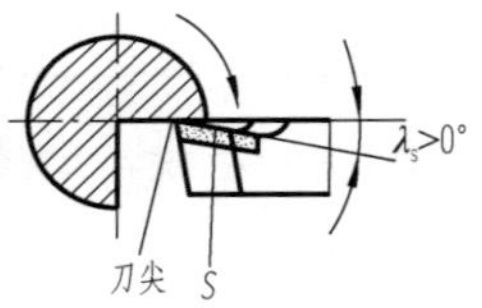	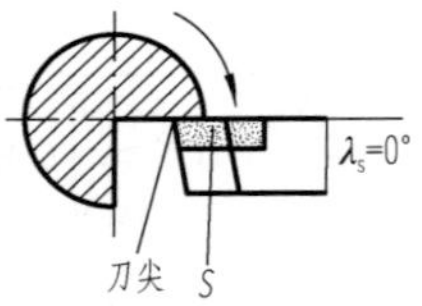	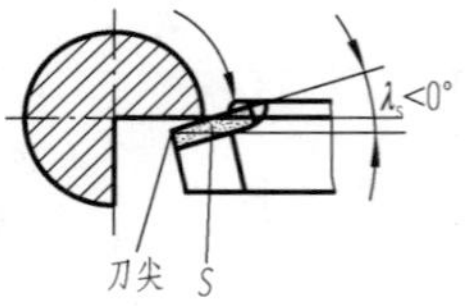
	刀尖强度较小，车削时冲击点先接触刀尖，刀尖易损坏	刀尖强度一般，冲击点同时接触刀尖和切削刃	刀尖强度较大，车削时冲击点先接触远离刀尖的切削刃处，从而保护了刀尖
适用场合	精车时，应取正值，一般为0°～8°	工件圆整、余量均匀的，一般车削时，应取0值	断续切削时，为了增大刀头强度应取负值，一般为-15°～-5°

4. 车刀的刃磨

车刀切削部分在很高的温度下工作，经受连续强烈的摩擦，并承受很大的切削力和冲击，所以车刀切削部分的材料必须具备下列基本性能：

①较高的硬度；②较高的耐磨性；③足够的强度和韧性；④较高的耐热性；⑤较好的导热性；⑥良好的工艺性和经济性。

（1）砂轮的选用

砂轮机是用来刃磨各种刀具、工具的常用设备，由电动机、砂轮机座、托架和防护罩等部分组成，如图 1-72 所示。

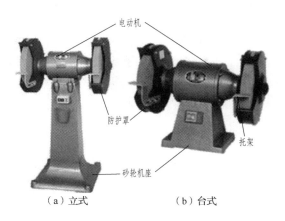

（a）立式　　　　　　　（b）台式

图 1-72　砂轮机

刃磨车刀的砂轮大多采用平行砂轮，按其磨料的不同分为氧化铝砂轮和碳化硅砂轮两类。砂轮的粗细以粒度表示，一般可分为 36 粒、60 粒、80 粒和 120 粒等级别。粒度越多，表示组成砂轮的磨料越细，反之越粗。粗磨车刀时应选用粗砂轮，精磨车刀时应选用细砂轮。刃磨车刀时必须根据其材料来选定砂轮，见表 1-6。

表 1-6　砂轮的选用

砂轮类型	图示	特征	应用范围
氧化铝		又称刚玉砂轮，多呈白色，其磨粒韧性好，比较锋利，硬度较低，自锐性好	适用于刃磨高速钢车刀和硬质合金车刀的刀体部分
碳化硅		多呈绿色，其磨粒的硬度较高，刃口锋利，但其脆性大	适用于刃磨硬质合金车刀

 小贴士

砂轮机起动后，应在砂轮旋转平稳后再进行磨削。若砂轮跳动明显，应及时停机修整。平行砂轮一般用砂轮刀在砂轮上来回修整，如图 1-73 所示。

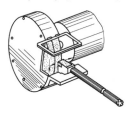

图 1-73　用砂轮刀修整砂轮

（2）车刀刃磨的基本要求、注意事项及次序

车刀在切削过程中，其前面和后面处于剧烈的摩擦和切削热的作用中，这使车刀的切削刃口变钝而失去切削能力，这时必须通过刃磨来恢复车刀切削刃口的锋利和正确的车刀几何角度。车刀刃磨的方法有机械和手工两种。机械刃磨效率高，操作方便，几何角度准确，质量好，但在一些中、小型企业中，仍普遍采用手工刃磨的方法。

1）车刀刃磨的基本要求。

① 按要求刃磨各刀面。

② 刃磨、修磨时，姿势要正确，动作要规范，方法要正确。

③ 遵守安全、文明操作的有关规定。

2）车刀刃磨的注意事项。

① 刃磨车刀时，最好戴上防护眼镜。

② 先检查砂轮是否有防护罩，否则不可使用；再检查砂轮托架与砂轮间的间隙，应小于 3mm，如图 1-74 所示。

③ 磨车刀时，站立位置不可正面对砂轮，应站在砂轮的侧面，如图 1-75 所示，以防止砂轮碎裂时，碎片飞出伤人。

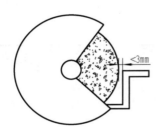

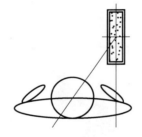

图 1-74　托架与砂轮间的间隙要求　　　　图 1-75　磨刀时的站位

④ 手握车刀时，两手的距离应适当大些，两肘应夹紧腰部，以减小刃磨时的抖动。

⑤ 刃磨车刀时，不能用力过大，以防打滑伤手。

⑥ 磨高速钢车刀时，应随时将车刀入水冷却，防止退火。

⑦ 磨硬质合金车刀时，须防止刀片因热胀冷缩而产生裂纹，可将刀体入水冷却。

⑧ 一个砂轮不可两人同时使用，且在刃磨结束离开砂轮时应及时关闭电源。

3）车刀刃磨的次序。车刀的刃磨分成粗磨和精磨。刃磨硬质合金焊接车刀时，还需先将车刀前面、后面上的焊渣磨去。

① 粗磨。粗磨时，按主后面、副后面、前面的顺序进行。

② 精磨。精磨时，按前面、主后面、副后面、修磨刀尖圆弧的顺序进行。

③ 硬质合金车刀还需要用细油石研磨其刀刃。

练一练　刃磨外圆车刀

刃磨图 1-76 所示的 90° 硬质合金外圆车刀。

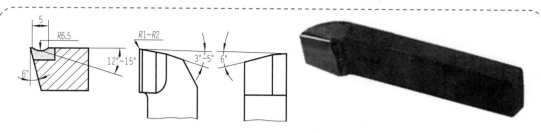

图 1-76　90°硬质合金外圆车刀

其操作方法如下:

01 选用 24～36 粒氧化铝砂轮,先磨去车刀前面、后面上的焊渣并将车刀底面磨平,如图 1-77 所示。

02 选用 36～60 粒碳化硅砂轮。前面向上,车刀由下至上接触砂轮,在略高于砂轮中心水平位置处,将车刀向上翘一个 6°～8° 的角度(形成主后角),使主切削刃与砂轮外圆平行(90°主偏角),左右水平移动粗磨主后面,如图 1-78 所示。

图 1-77　磨焊渣

图 1-78　粗磨主后面

03 前面向上,在略高于砂轮中心水平位置处,车刀刀头向上翘 8° 左右(形成副后角),刀杆向右摆 6° 左右(形成副偏角),左右水平移动粗磨副后面,如图 1-79 所示。

04 主后面向上,刀头略向上翘 3° 左右(一个前角)或不翘(0°的前角),主刀刃与砂轮外圆平行(0°的刃倾角),左右水平移动刃磨,如图 1-80 所示。

图 1-79　粗磨副后面

图 1-80　刃磨

05 按 **02** 和 **03** 的方法,精磨主、副后面。

06 前面向上，刀头与砂轮形成45°角，以右手握车刀前端为支点，用左手转动车刀尾部刃磨出圆弧过渡刃，如图1-81所示。

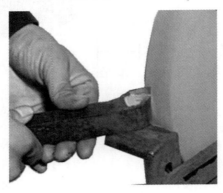

图1-81 修磨刀尖圆弧

07 刃磨断屑槽。断屑槽常见的有直线形和圆弧形两种，如图1-82所示。直线形断屑槽的前角较小，适宜于切削较硬的材料；圆弧形断屑槽的前角较大，适宜于切削较软的材料。断屑槽的宽度根据车削加工时的切削深度和进给量来确定。硬质合金车刀断屑槽的参考尺寸见表1-7。

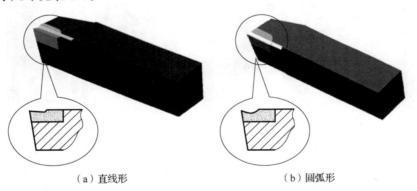

（a）直线形　　　　　　　　　　　（b）圆弧形

图1-82 断屑槽的形式

表1-7 硬质合金车刀断屑槽的参考尺寸　　　　　　　　单位：mm

	背吃刀量 a_p	进给量 f			
		0.15～0.3	0.3～0.45	0.45～0.7	0.7～0.9
直线形		槽宽 L_{Bn} × 槽深 C_{Bn}			
	0～1	1.5×0.3	2×0.4	3×0.5	3.25×0.5
	1～4	2.5×0.5	3×0.5	4×0.6	4.5×0.6
	4～9	3×0.5	4×0.6	4.5×0.6	5×0.6

倒棱宽度 $b_{γ1} = (0.5～0.8) f$，
倒棱前角 $γ_{o1} = -10° ～ -5°$

续表

		进给量 f				
圆弧形	背吃刀量 a_p	0.3	0.4	0.5～0.6	0.7～0.8	0.9～1.2
		r_{Bn}				
	2～4	3	3	4	5	6
	5～7	4	5	6	8	9
	7～12	5	8	10	12	14

圆弧形：倒棱宽度 $b_{\gamma1}=(0.5\sim0.8)f$，倒棱前角 $\gamma_{o1}=-10°\sim-5°$，C_{Bn} 为 5～1.3mm（由所取的前角值决定），r_{Bn} 在 L_{Bn} 的宽度和 C_{Bn} 的深度下成一自然圆弧

断屑槽刃磨时刀尖可向下刃磨或向上刃磨，如图 1-83 所示。但选择刃磨断屑槽的部位时，应考虑留出倒棱的宽度，即留出相当于进给量的距离。

（a）向下刃磨　　　　　　　　　　（b）向上刃磨

图 1-83　断屑槽的刃磨方法

小贴士

由于受砂轮机砂轮粒度、跳动等影响，所磨出的车刀各刀面形状与角度不准，表面粗糙度较大，因此应采用油石进行手工研磨，如图 1-84 所示，以达到很好的效果。研磨时可先采用粗粒度的油石进行粗研，再用细粒度的油石进行精研。

图 1-84　车刀的手工研磨

2 模块

技 能 训 练

>>>>

◎ **模块导读**

　　技能训练是掌握技能技巧的必要手段。合理调整和设置训练项目，能使学生全面了解并掌握车削基本知识和技能技巧，提高动手能力。

◎ **学习目标**

　　知识目标：

　　　1. 掌握切槽（断）刀的几何结构。
　　　2. 了解中心钻的结构特点和作用。
　　　3. 了解麻花钻的几何结构和刃磨要求。
　　　4. 掌握涂色法检测工件的方法。
　　　5. 了解螺纹车刀的几何结构与刃磨要求。
　　　6. 掌握螺纹车削时车床调整尺寸的计算方法。
　　　7. 掌握螺纹的测量方法。
　　　8. 掌握偏心的计算与划线方法。

　　能力目标：

　　　1. 能正确进行车刀的安装与对刀。
　　　2. 会车削外圆、端面和台阶。
　　　3. 会刃磨麻花钻。
　　　4. 能按照要求，进行车孔、铰孔的基本操作。
　　　5. 能正确进行锥度的车削。
　　　6. 会特形面的车削与滚花。
　　　7. 会车削螺纹、偏心件。

车削台阶轴

台阶轴的车削图样如图 2-1 所示。

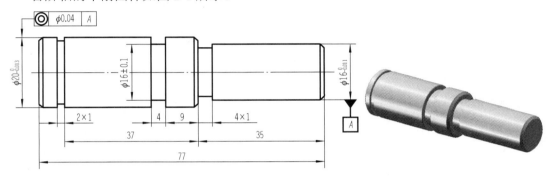

图 2-1 台阶轴的车削图样

1. 车刀的安装

1）车刀伸出长度是刀柄厚度的 1～1.5 倍，如图 2-2 所示。

2）刀柄下平面所垫垫片尽量少，一般为 1～2 片，且与刀架边缘对齐，并至少用两个螺钉将其紧固，如图 2-3 所示。

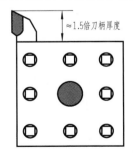

图 2-2 车刀伸出刀架长度

图 2-3 车刀在刀架上的正确安装

3）车刀刀柄中心线应与进给方向垂直或平行。车削加工时，车刀刀尖应与工件旋转中心等高，如图 2-4 所示。

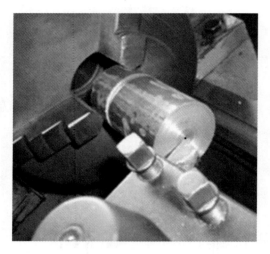

图 2-4　车刀刀尖与工件旋转中心等高

　　为使车刀刀尖对准工件的旋转中心，通常根据车床主轴中心高度，用钢直尺测量装夹，如图 2-5 所示。或根据车床尾座顶尖的高度装夹，如图 2-6 所示。

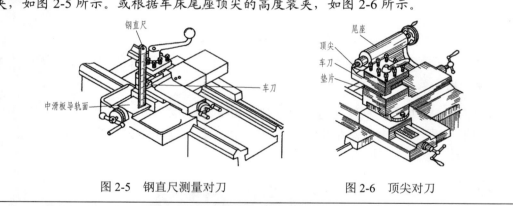

图 2-5　钢直尺测量对刀　　　　　　图 2-6　顶尖对刀

2. 外圆、端面和台阶的车削方法

（1）外圆的车削

操作方法如下：

01 起动车床，摇动床鞍和中滑板手柄，使车刀刀尖轻轻接触工件待加工表面，如图 2-7（a）所示。

02 反向摇动床鞍手柄退刀，使车刀距离工件端面 3～5mm，如图 2-7（b）所示。

03 按照设定的进刀次数，选定切削深度，如图 2-7（c）所示。

04 合上进给手柄，纵向车削 2～3 mm，断开进给手柄，如图 2-7（d）所示。

05 摇动床鞍手柄退刀，停车测量试切后的外圆，如图 2-7（e）所示。

06 根据情况对切削深度进行修正，再合上进给手柄，在车至所需长度时，停止进给，退刀后停车，如图 2-7（f）所示。

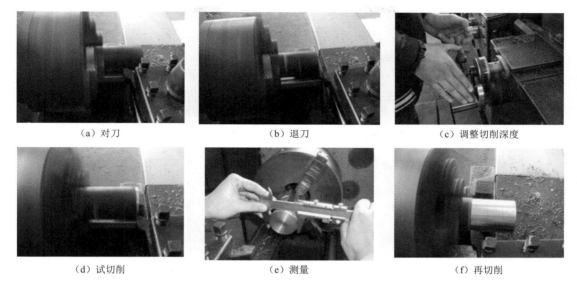

（a）对刀   （b）退刀   （c）调整切削深度

（d）试切削   （e）测量   （f）再切削

图 2-7 外圆的车削方法

（2）端面的车削

操作方法如下：

01 起动车床，摇动床鞍和中滑板手柄，使车刀靠近工件端面，然后移动小滑板手柄，使车刀刀尖轻轻接触工件端面，如图 2-8（a）所示。

02 反向摇动中滑板手柄退刀，使车刀距离工件外圆 3～5 mm，如图 2-8（b）所示。

03 摇动小滑板手柄，使车刀纵向移动 0.5～1mm，如图 2-8（c）所示。

04 合上进给手柄，车端面（在车至近中心处时，停止机动进给，改用手动进给车至中心），如图 2-8（d）所示。

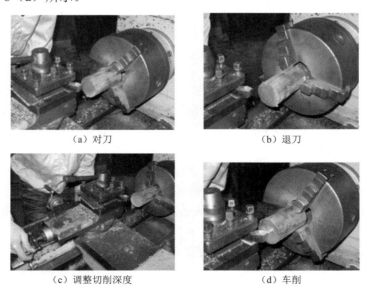

（a）对刀   （b）退刀

（c）调整切削深度   （d）车削

图 2-8 端面的车削方法

（3）台阶的车削

车台阶时不仅要车外圆，还要车削环形端面，因此，车削时既要保证外圆和台阶面的长度尺寸，又要保证台阶端面与工件轴线的垂直度要求。

1）车台阶时，通常选用90°外圆偏刀。车刀的安装应根据粗、精车和余量的多少来调整。粗车时，为了增加切削深度，减小刀尖的压力，车刀安装时主偏角可小于90°（一般为85°～90°）。精车时，为了保证工件台阶端面与工件轴线的垂直度，应使主偏角大于90°（一般为93°左右），如图2-9所示。

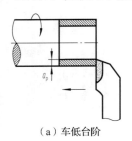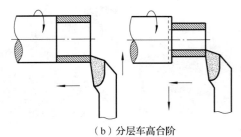

（a）车低台阶   （b）分层车高台阶

图2-9 台阶的车削方法

2）车削时，一般分为粗、精车。粗车时台阶长度除第一挡（即端头）台阶长度略短外（留精车余量），其余各挡车至长度。精车时，通常在机动进给精车外圆至近台阶处时，以手动进给代替机动进给。当车到台阶面时，应变纵向进给为横向进给，移动中滑板由里向外慢慢精车，以确保台阶端面对轴线的垂直度。

> **小贴士**
>
> 车削高度在5mm以下的台阶时，可一次进给车出；车削高度在5mm以上的台阶时，应分层进行车削，如图2-9所示。

3. 外沟槽的车削方法

（1）外沟槽刀的结构与种类

外沟槽刀也称外切槽刀，以横向进给为主。前端的切削刃为主切削刃，两侧的切削刃

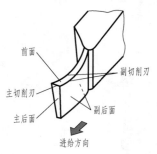

图2-10 外切槽刀的结构

为副切削刃，如图2-10所示。其种类很多，按切削部分的材料不同分为高速钢切槽刀与硬质合金切槽刀两类。高速钢切槽刀的切削部分与刀杆为同一材料锻造而成，是目前应用较广泛的一种切槽刀。硬质合金切槽刀是由用作切削部分的硬质合金焊接在刀杆上而成的，它适用于高速切削加工。按刀具的性能与作用来分，外切槽刀分为整体式切槽刀、反向切槽刀与弹性切槽刀等。

（2）外切槽刀的几何参数

外切槽刀（以高速钢切槽刀为例）的几何参数见表2-1。

表 2-1　外切槽刀的几何参数

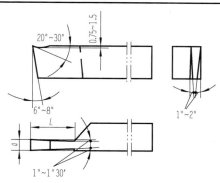

参数	符号	数据与公式
前角	γ_o	切断中碳钢时，$\gamma_o=20°\sim30°$；切断铸铁材料时，$\gamma_o=0°\sim10°$
后角	α_o	一般 $\alpha_o=6°\sim8°$，但在切断弹塑性材料时取大值，切断脆性材料时取小值
副后角	α_o'	切槽刀有两个对称的副后角，其作用是减少副后面与工件已加工表面之间的摩擦。一般 $\alpha_o'=1°\sim2°$
主偏角	κ_r	因切槽刀以横向进给为主，故其主偏角 $\kappa_r=90°$
副偏角	κ_r'	切槽刀两个副偏角必须对称，以免切槽刀因两侧所受的切削抗力不均而折断（或弯曲），一般 $\kappa_r'=1°\sim1°30'$
主切削刃宽度	a	主切削刃不能太宽，否则会因切削力过大而产生振动；不能太窄，否则刀头强度不够。其宽度的计算公式为 $$a=(0.5\sim0.6)\sqrt{d}$$ 式中：a——主切削刃宽度，mm； d——工件待加工表面直径，mm。
刀头长度	L	刀头长度如下图所示，不能太长，太长容易引起振动（或使刀头折断）。刀头长度的计算公式为 $$L=h+(2\sim3)\,\mathrm{mm}$$ 式中：L——刀头长度，mm； h——切入深度，mm。 （a）切断实心工件时　　　　　　（b）切断空心工件时
卷屑槽	—	一般为 0.75～1.5mm

小贴士

　　为使带孔工件不留边缘，实心工件的端面不留小凸头，可将切断刀的切削刃略磨斜些，如图 2-11 所示。

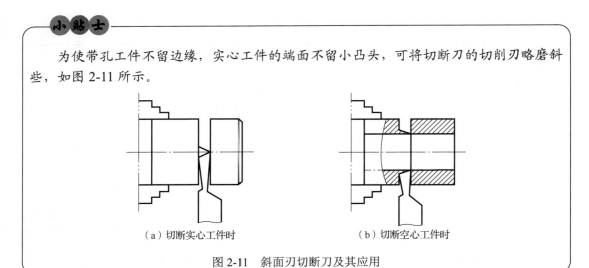

（a）切断实心工件时　　　　　　　　　　（b）切断空心工件时

图 2-11　斜面刃切断刀及其应用

　　（3）外沟槽的车削

　　1）外切槽刀的安装。外切槽刀安装时不宜伸出过长，同时一定要保证其主切削刃与工件轴心线平行，其中心线也必须与工件中心线垂直，以保证两副偏角的对称。

　　2）切槽的方法。精度要求不高且宽度较窄的矩形槽，可用刀刃宽等于槽宽的切断刀（切槽刀），采用直进法一次进给车出，如图 2-12（a）所示；有精度要求的矩形槽，一般采用二次直进法车出，如图 2-12（b）所示；车削较宽的矩形槽时，可用多次直进法进行车削，如图 2-12（c）所示，并在槽壁两侧留有精车余量，然后根据槽深和槽宽精车至尺寸要求。车削较小的梯形槽时，一般以成形刀一次车削完成；较大的梯形槽，通常先车削直槽，然后用梯形刀采用直进法或左右切削法车削完成，如图 2-12（d）所示。

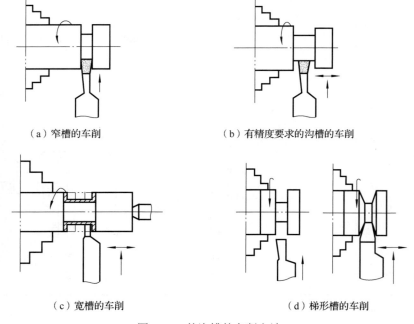

（a）窄槽的车削　　　　　　　　　　（b）有精度要求的沟槽的车削

（c）宽槽的车削　　　　　　　　　　（d）梯形槽的车削

图 2-12　外沟槽的车削方法

4. 中心孔的钻削

（1）中心孔的结构形状和作用

GB/T 145—2001《中心孔》规定了中心孔有 4 种类型，即 A 型（不带护锥）、B 型（带护锥）、C 型（带螺纹孔）、R 型（带弧型）4 种，其结构和适用范围用见表 2-2。

表 2-2　中心孔的结构和适用范围

类型	图示	结构特点	适用范围
A 型		由圆柱部分和圆锥部分组成，圆锥孔的锥角为 60°，与顶尖锥面配合，因此锥面表面质量要求较高	一般适用于不需要多次装夹或不保留中心孔的工件
B 型		在 A 型中心孔的端部多一个 120°的圆锥面，目的是保护 60°锥面，不让其拉毛碰伤	一般应用于多次装夹的工件
C 型		外端形似 B 型中心孔，里端有一个比圆柱孔还要小的内螺纹	将其他零件轴向固定在轴上，或将零件吊挂放置或便于轴的拆卸
R 型		将 A 型中心孔的 60°圆锥母线改为圆弧线。这样与顶尖锥面的配合变为线接触，在轴类工件装夹时，能自动纠正少量的位置偏差	轻型和高精度轴上采用 R 型中心孔

这 4 种中心孔的圆柱部分的作用是储存油脂，避免顶尖触及工件，使顶尖与 60°圆锥面配合贴紧。

（2）中心孔的标记

中心孔通常用中心钻直接钻出，常用的中心钻有 A 型和 B 型两种，如图 2-13 所示。圆柱部分直径小于 6.3mm 的 A 型和 B 型中心孔常用由高速钢制成的中心钻直接钻出。中心孔的标记实际上就是中心钻的标记，其完整标记由中心钻的类型代号、圆柱部分直径、柄部直径组成。中心孔的标注示例如下：

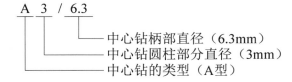

A 3 / 6.3

中心钻柄部直径（6.3mm）
中心钻圆柱部分直径（3mm）
中心钻的类型（A 型）

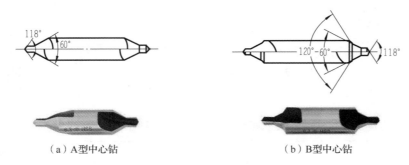

（a）A型中心钻　　　　　　　　　　　（b）B型中心钻

图 2-13　常用中心钻

（3）中心孔的钻削方法

中心孔的钻削操作如下：

01 用钻夹头钥匙逆时针旋转钻夹头外套，使钻夹头的 3 个爪张开，将中心钻插入钻夹头的 3 个爪之间，再用钻夹头钥匙顺时针方向转动钻夹头外套，夹紧中心钻，如图 2-14 所示。

02 起动车床，使主轴带动工件一起旋转，移动尾座，使中心钻接近工件端面，找正尾座中心后再进行钻削，如图 2-15 所示。

图 2-14　装夹中心钻

图 2-15　钻削

小贴士

若钻夹头柄部与车床尾座锥孔大小不吻合，则应增加一个合适的过渡锥套后再插入。过渡锥套如图 2-16 所示。

图 2-16　过渡锥套

5. 台阶轴的车削

台阶轴工件的车削方法见表 2-3。

表 2-3　台阶轴工件的车削方法

方法	图示	说明
工件装夹	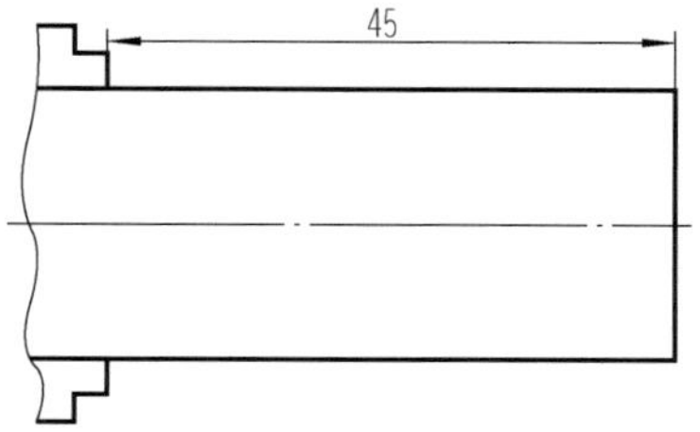	用自定心卡盘装夹工件，保证伸出卡爪外长度为 45mm，找正、夹紧
车端面并钻中心孔	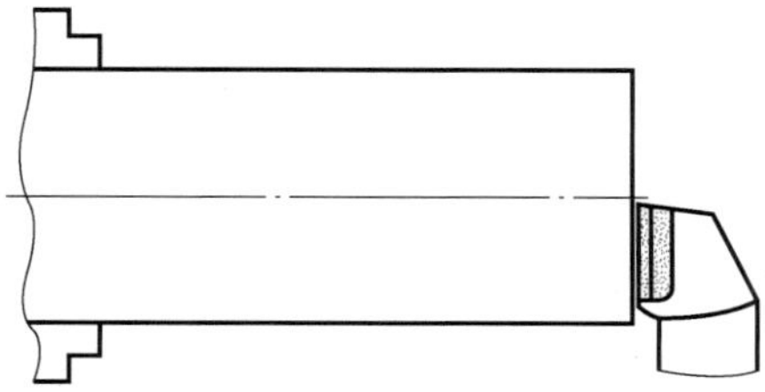	起动车床车端面（车平即可），并用中心钻钻 A2 中心孔
粗车大外圆	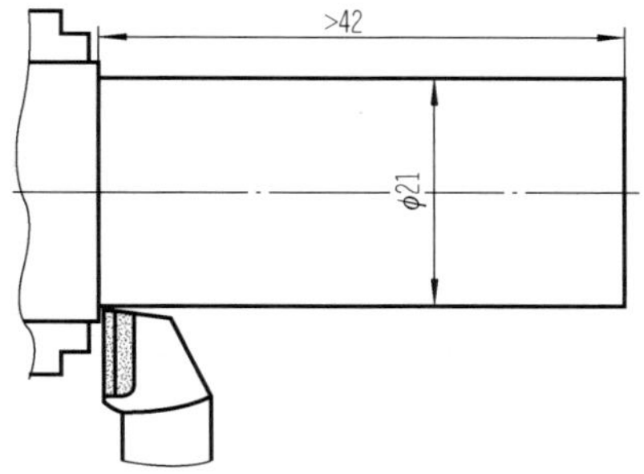	粗车大外圆 $\phi20$mm 至 $\phi21$mm（留 1mm 精加工余量），长度大于 42mm
控总长	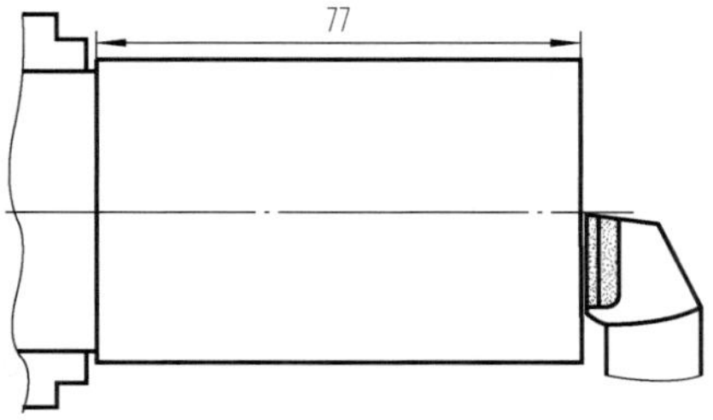	工件调头夹 $\phi21$mm 外圆，找正夹紧。车端面，控总长为 77mm，并用中心钻钻 A2 中心孔
粗车台阶外圆	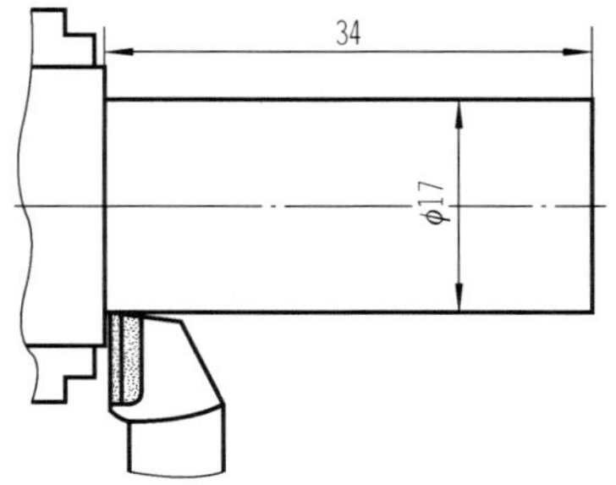	粗车台阶 $\phi16$mm 外圆至 $\phi17$mm（留 1mm 精加工余量），长度为 34mm

续表

方法	图示	说明
精车台阶外圆		两顶尖装夹，精车台阶外圆至 $\phi 16_{-0.011}^{0}$ mm，长度为 35mm
切槽并倒角		用切槽刀切 4mm×1mm 沟槽至图样要求，并倒角 $C1$
精车大外圆		工件调头用两顶尖装夹，精车大外圆 $\phi 20_{-0.013}^{0}$ mm 至图样要求尺寸，长全部
切槽		用切槽刀切出 4mm 宽中间槽，保证槽底尺寸 $\phi 16 \pm 0.1$mm；切头部 2mm×1mm 槽
倒角		用 45° 车刀倒大外圆角 $C1$

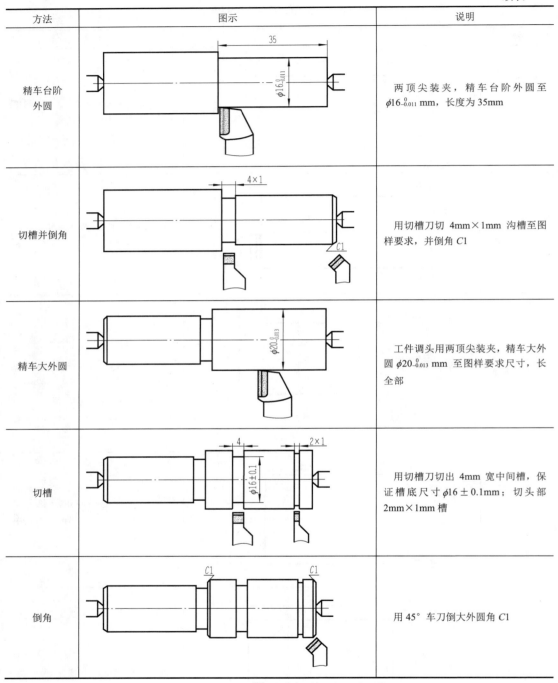

车削套管

套管的车削图样如图 2-17 所示。

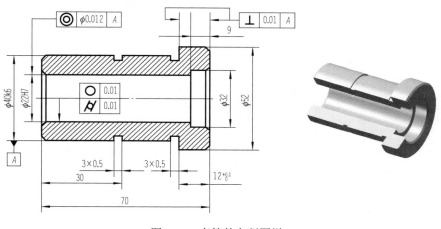

图 2-17　套管的车削图样

1. 钻孔

（1）麻花钻的结构组成

麻花钻也称钻头，是钻孔常用的刀具，一般用高速钢制成。麻花钻由工作部分、颈部和柄部组成，如图 2-18 所示。

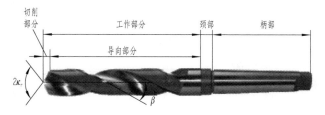

图 2-18　麻花钻的结构组成

工作部分是麻花钻的主要切削部分，由切削部分和导向部分组成：切削部分主要起切削作用；导向部分在钻削过程中能起到保持钻削方向、修光孔壁的作用，同时也是切削的后备部分。

直径较大的麻花钻在颈部标有麻花钻的直径、材料牌号与商标，如图 2-19 所示。直径较小的直柄麻花钻没有明显的颈部。

麻花钻的柄部在钻削时起夹持、定心和传递转矩的作用。麻花钻的柄部有直柄和莫氏锥柄两种，如图 2-20 所示。直柄麻花钻的直径一般为 0.3～16mm，莫氏锥柄麻花钻的直径见表 2-4。

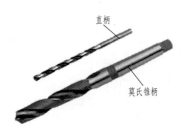

图 2-19 麻花钻颈部的标记　　　　　图 2-20 麻花钻柄部的形式

表 2-4 莫氏锥柄麻花钻的直径

莫氏锥柄号	No.1	No.2	No.3	No.4	No.5	No.6
钻头直径 d/mm	3～14	14～23.0	23.0～31.75	31.75～50.8	50.8～75	75～80

（2）麻花钻切削部分的几何形状与角度

麻花钻切削部分的几何形状与角度如图 2-21 所示，它的切削部分可看成正反两把车刀，所以其几何角度的概念和车刀基本相同，但也有其特殊性。

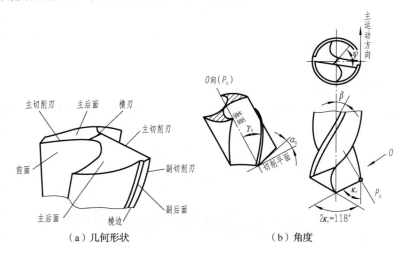

（a）几何形状　　　　　　（b）角度

图 2-21 麻花钻切削部分的几何形状与角度

1）螺旋槽。麻花钻的工作部分有两条螺旋槽，其作用是构成主切削刃、排出切屑和通入切削液。螺旋槽上螺旋角的有关内容见表 2-5。

表 2-5　麻花钻切削刃上不同位置处的螺旋角、前角和后角的变化

角度	螺旋角β	前角γ_o	后角α_o
定义	螺旋槽上最外缘的螺旋线展开成直线后与麻花钻轴线之间的夹角	基面与前面间的夹角	切削平面与后面间的夹角
变化规律	麻花钻切削刃上的位置不同，其螺旋角β、前角γ_o和后角α_o也不同		
	自外缘向钻心逐渐减小	自外缘向钻心逐渐减小，并且在$d/3$处前角为$0°$，再向钻心则为负前角	自外缘向钻心逐渐增大
靠近外缘处	最大（名义螺旋角）	最大	最小
靠近钻心处	较小	较小	较大
变化范围	$18°\sim30°$	$-30°\sim+30°$	$8°\sim12°$
关系	对麻花钻前角的变化影响最大的是螺旋角。螺旋角越大，前角就越大		

2）前面：指切削部分的螺旋槽面，切屑由此面排出。

3）主后面：指麻花钻钻顶的螺旋圆锥面，即与工件过渡表面相对的表面。

4）主切削刃：指前面与主后面的交线，担负着主要的切削工作。钻头有两个主切削刃。

5）顶角：在通过麻花钻轴线并与两条主切削刃平行的平面上，两条主切削刃投影间的夹角，用符号$2\kappa_r$表示。一般麻花钻的顶角$2\kappa_r$为$100°\sim140°$，标准麻花钻的顶角$2\kappa_r$为$118°$。在刃磨麻花钻时可根据表 2-6 来判断顶角的大小。

表 2-6　麻花钻顶角的大小对切削刃和加工的影响

顶角	$2\kappa_r>118°$	$2\kappa_r=118°$	$2\kappa_r<118°$
图示	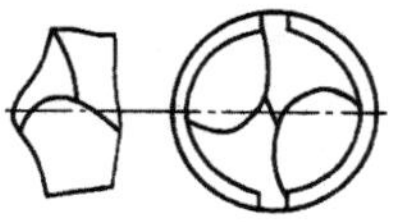	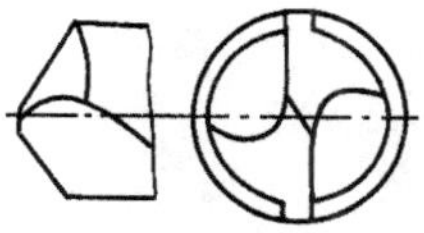	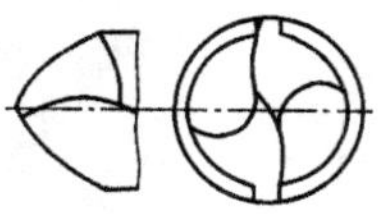
两主切削刃的形状	凹曲线	直线	凸曲线
对加工的影响	顶角大，则切削刃短、定心差，钻出的孔容易扩大；同时前角也增大，使切削省力	适中	顶角小，则切削刃长、定心准，钻出的孔不易扩大；同时前角也减小，使切削阻力增大
适用的材料	适用于钻削较硬的材料	适用于钻削中等硬度的材料	适用于钻削较软的材料

6）前角：主切削刃上任一点的前角是过该点的基面与前面之间的夹角，用符号γ_o表示，如图 2-22 所示。前角的有关内容见表 2-5。

7）后角：主切削刃上任一点的后角是该点正交平面与主后面之间的夹角，用符号α_o表示，如图 2-22 所示。后角的有关内容见表 2-5。为了测量方便，后角在圆柱面内测量，如图 2-23 所示。

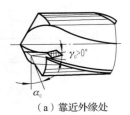
（a）靠近外缘处

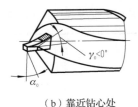
（b）靠近钻心处

图 2-22　麻花钻前角和后角的变化

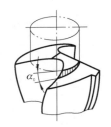

图 2-23　在圆柱面内测量后角

8）横刃：麻花钻两主切削刃的连接线称为横刃，也就是两个主后面的交线。横刃担负着钻心处的钻削任务。横刃太短，会影响麻花钻的钻尖强度；横刃太长，会使轴向力增大，对钻削不利。

9）横刃斜角：在垂直于钻头轴线的端面投影中，横刃与主切削刃之间的夹角称为横刃斜角，用符号 ψ 表示。横刃斜角的大小与后角有关：后角增大时，横刃斜角减小，横刃也就变长；后角减小时，情况相反。横刃斜角一般为 $55°$。

10）棱边：也称刃带，它既是副切削刃，也是麻花钻的导向部分。在切削中能保持确定的钻削方向、修光孔壁及作为切削部分的后备部分。

（3）麻花钻的刃磨

麻花钻的刃磨方法见表 2-7。

表 2-7　麻花钻的刃磨方法

刃磨步骤	图示	操作说明
修整砂轮		刃磨前应检查砂轮表面是否平整，并对不平整或有跳动的砂轮进行修正
手握麻花钻		右手握住麻花钻前端作为支点，左手紧握麻花钻柄部

刃磨步骤	图示	操作说明
摆正麻花钻的位置		将麻花钻放置于砂轮中心平面以上，摆正钻头与砂轮的相对位置（使钻头轴心线与砂轮外圆母线在水平面内的夹角等于顶角的 1/2，即为 59°），同时钻尾向下倾斜
刃磨		刃磨时，将切削刃逐渐靠向砂轮，见火花后，给麻花钻加一个向前的较小压力，并以麻花钻前端支点为圆心，缓慢使麻花钻做上下摆动并略带转动，同时磨出主切削刃和后面。当一个主后面刃磨好后，将麻花钻转过 180° 刃磨另一主后面

小贴士

麻花钻在刃磨时要注意摆动与转动的幅度和范围不能过大，以免磨出副后角或将另一条主切削刃磨坏。同时，刃磨时，手要保持原来的位置和姿势。另外，两个主后面要经常交换刃磨，边磨边检查，直至符合要求为止。

（4）钻孔操作

对于通孔，其钻削操作如下：

01 工件装夹找正后，为利于钻头的正确定心，可用 90° 车刀先将工件端面车平。

02 根据被加工孔的孔径大小，选择合适的安装方式，如图 2-24 所示，并找正中心（对于莫氏锥柄麻花钻，可直接或用莫氏变径套过渡插入尾座锥孔，如图 2-25 所示）。

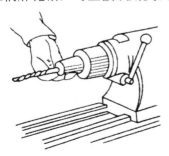

图 2-24　直柄麻花钻的安装

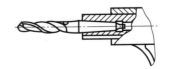

图 2-25　莫氏锥柄麻花钻的安装

03 选用合适的钻削用量，钻出孔径，如图 2-26 所示。

不通孔的钻削与通孔的钻削方法基本相同，只是需要控制孔的深度。具体的操作方法如下：起动车床，摇动尾座手轮，当钻尖开始切入工件端面时，用钢直尺量出尾座套筒的伸出长度，那么不通孔的深度就应该控制为所测伸出长度加上孔深，如图 2-27 所示。

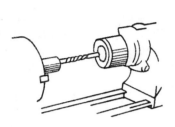
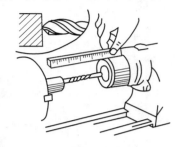

图 2-26　通孔的钻削　　　　　图 2-27　不通孔钻削时孔深的控制

用细长麻花钻钻孔时，为防止麻花钻晃动，可在刀架上夹一挡铁，以支持麻花钻头部，便于麻花钻定心，如图 2-28 所示。另外，当麻花钻快钻穿孔时，手动进给要缓慢，以防麻花钻折断。

图 2-28　用挡铁支顶麻花钻

在控制不通孔孔深时，对于有刻度的尾座，可利用尾座套筒上的刻度进行控制；对于无刻度的尾座，则利用尾座手轮圈数进行控制（CA6140 型卧式车床尾座手轮每转一圈，尾座套筒伸出 5mm），也可采用在尾座套筒上做记号的方法来控制孔深。

2. 车孔

车孔的方法基本和车外圆相同，只是进刀与退刀的方向相反。但内孔车刀和外圆车刀相比有差别。根据不同的加工情况，内孔车刀可分为通孔车刀和盲孔车刀两种。从图 2-29 中可以看出，通孔车刀的几何形状基本与 75° 外圆车刀相似，为了减小背向力 F_p，防止振动，主偏角 κ_r 应取较大值，一般 κ_r 为 60°～75°，副偏角 κ_r' 为 15°～30°。

盲孔车刀是用来车盲孔或台阶孔的，其切削部分的几何形状基本与偏刀相似。图 2-30 所示为常用的一种盲孔车刀。其主偏角 κ_r 一般取 $90°\sim95°$。车平底盲孔时，刀尖在刀柄的最前端，刀尖与刀柄外端的距离 a 应小于内孔半径 R，否则孔的底平面就无法车平。车内台阶孔时，只要刀柄与孔壁不碰即可。

（1）车刀的安装

内孔车刀的刀尖应与工件中心线等高或略高于工件中心线（若刀尖低于工件的旋转中心，易将刀柄压低而产生扎刀现象，造成孔径扩大）。另外，刀柄伸出刀架的长度不宜过长，对于通孔工件，内孔车刀一般要求比被加工的孔深长 $5\sim10$mm 即可，如图 2-31 所示。

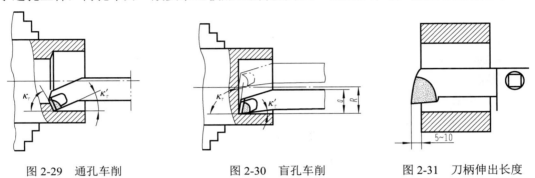

图 2-29　通孔车削　　　　图 2-30　盲孔车削　　　　图 2-31　刀柄伸出长度

> **小贴士**
>
> 内孔车刀安装好后，在车削加工前，应将内孔车刀在孔内试走一遍，观察车刀与工件孔壁有无碰撞现象，以确保车削安全。

（2）车孔操作

1）直孔的车削。先车平端面，再选用直径比孔径小 2mm 左右的麻花钻钻出底孔，然后调整背吃刀量，当车刀纵向进给切削 3mm 时，纵向快速退出车刀，然后停车进行测试，如图 2-32 所示。再根据测试情况，微调横向进给，然后进行试切削、测试，直到符合孔径尺寸要求为止。

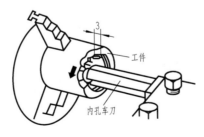

图 2-32　试车削

2）台阶孔的车削。车削直径较小的台阶孔时，由于观察困难，尺寸不易控制，故而常采用先粗、精车小孔，再粗、精车大孔的顺序进行加工。车直径较大的台阶孔时，在便于测量小孔尺寸且视线又不受影响的情况下，一般先粗车大孔和小孔，再精车大孔和小孔。车大、小孔径相差较大的台阶孔时，最好先使用主偏角略小于 $90°$（一般 κ_r 为 $85°\sim88°$）的车刀进行粗车，再用后排屑盲孔车刀精车至要求。

对于台阶深度的控制，在粗车时常采用在刀杆上做记号［图 2-33（a）］、安装限位铜片［图 2-33（b）］，以及利用床鞍刻度来控制等。精车时需要用小滑板刻度或游标深度尺来控制。

（a）刻线痕法　　　　　　　　（b）铜片挡铁法

图 2-33　控制车孔深度的方法

3）平底孔的车削。其操作步骤如下：

01 车端面、钻中心孔。

02 钻底孔。选择直径比孔径小 1.5～2mm 的钻头先钻底孔，其钻孔深度从麻花钻顶尖量起，并在麻花钻上刻线痕做记号。然后用相同直径的平头麻花钻将底孔扩成平底，底平面处留有 0.5～1.0mm 的余量，如图 2-34 所示。

03 粗车孔和底平面，留精车余量 0.2～0.3mm。

04 精车孔和底平面至要求。

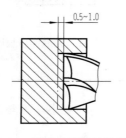

图 2-34　用平头麻花钻扩平底

3. 铰孔

铰孔是用多刃铰刀切除工件孔壁上微量金属层的精加工孔的方法。

（1）铰刀

铰刀的形状如图 2-35 所示，它由工作部分、颈部和柄部组成，工作部分由引导部分 l_1、切削部分 l_2、修光部分 l_3 和倒锥 l_4 组成。铰刀的柄部有圆柱形、圆锥形和方榫形 3 种。

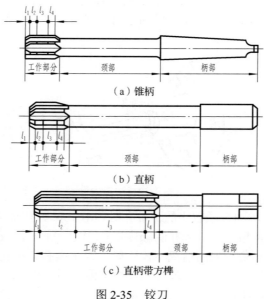

（a）锥柄

（b）直柄

（c）直柄带方榫

图 2-35　铰刀

（2）铰孔操作

1）铰刀的装夹。在车床上铰孔时，一般将机用铰刀的锥柄插入尾座套筒的锥孔中，并调整尾座套筒轴线与主轴轴线相重合，同轴度误差应小于 0.02mm。但对于一般精度的车床，要求其主轴轴线与尾座轴线非常精确地在同一轴线上是比较困难的，为了保证工件的同轴度，常采用浮动套筒来装夹铰刀，如图 2-36 所示。铰刀通过浮动套筒插入孔中，利用套筒与主体、轴销与套筒之间存在一定的间隙，而产生浮动。铰削时，铰刀通过微量偏移来自动调整其中心线与孔中心线重合，从而消除由于车床尾座套筒锥孔与主轴的同轴度误差而对铰孔质量的影响。

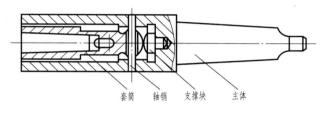

套筒　轴销　支撑块　主体

图 2-36　浮动套筒

小贴士

铰孔的精度主要取决于铰刀的尺寸。铰刀的公称尺寸与孔的公称尺寸相同。铰刀的公差是根据孔的精度等级、加工时可能出现的扩大或收缩量，以及允许铰刀的磨损量来确定的。一般可按下面的计算方法来确定铰刀的上、下极限偏差：

上极限偏差（es）＝2/3 被加工孔的公差

下极限偏差（ei）＝1/3 被加工孔的公差

即铰刀公差带在孔公差带中间 1/3 位置。

2）铰孔的方法。当孔径小于 10mm 时，根据要求选用铰刀，同时选择合适的铰削用量，使铰刀的引导部分轻轻进入孔口 1～2mm，如图 2-37 所示。加注充分的切削液，双手均匀摇动尾座手轮，均匀地进给至铰刀切削部分的 3/4，超出孔末端时，即反向摇动尾座手轮，将铰刀从孔中退出。最后将内孔擦干净后，检查孔径尺寸，如图 2-38 所示。

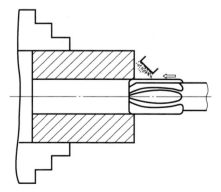

图 2-37　通孔铰削

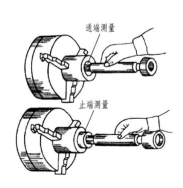

通端测量

止端测量

图 2-38　检查孔径尺寸

当孔径大于 10mm 时，采用钻中心孔→钻孔→扩孔（或车孔）→粗铰→精铰的方法，如图 2-39 所示。

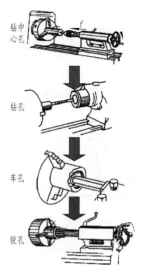

图 2-39　孔径大于 10mm 的铰削加工方法

铰盲孔的操作方法如下：

01　如图 2-40 所示，起动车床，加切削液，摇动尾座手轮进行铰孔。当铰刀端部与孔底接触后会对铰刀产生轴向切削抗力，手动进给，当感觉到轴向切削抗力明显增加时，表明铰刀端部已到孔底，应立即将铰刀退出。

02　铰较深盲孔时，切屑排出比较困难，通常中途应退刀数次，用切削液和刷子清除切屑，如图 2-41 所示。

03　切屑清除后再继续铰孔，如图 2-42 所示。

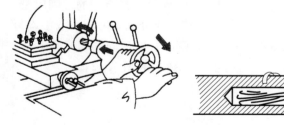

图 2-40　盲孔铰削　　　　　　图 2-41　清除切屑　　　　　　图 2-42　继续铰削

4. 套管的车削

套管的车削方法见表 2-8。

表 2-8 套管的车削方法

方法	图示	说明
车外圆	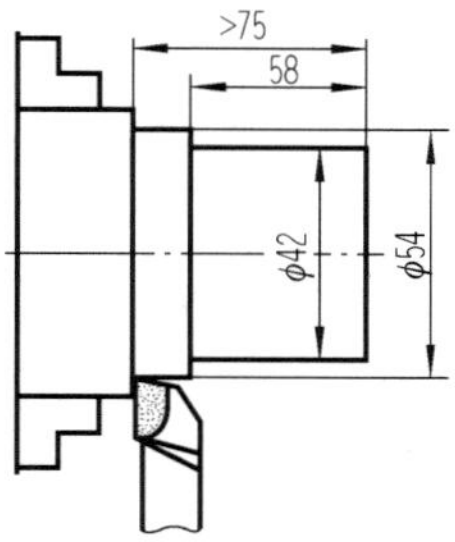	自定心卡盘夹工件一端，伸出长度大于 80mm，车端面，车外圆ϕ54mm、ϕ42mm，保证外圆ϕ54mm 长度大于 75mm，外圆ϕ42mm 长度为 58mm
钻孔		用ϕ20mm 麻花钻钻孔，孔深大于 75mm
切断		用切断刀将工件切断，取总长 72mm，并保证ϕ54mm 长度为 14mm
车端面		自定心卡盘夹持ϕ42mm 处，找正，用 45°车刀车端面（轻车一刀）
半精车孔		用通孔车刀半精车孔至ϕ21.8mm

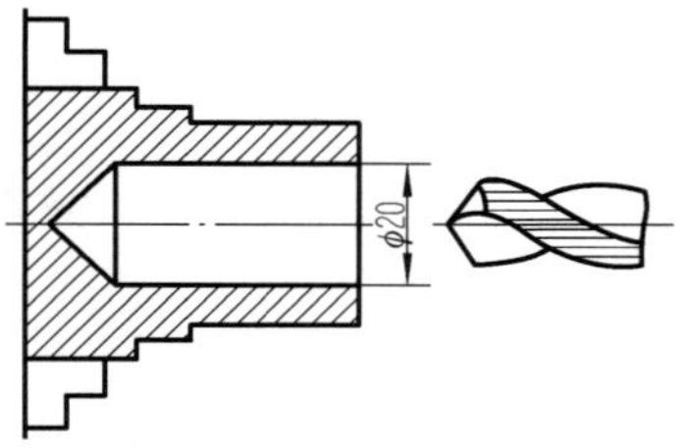

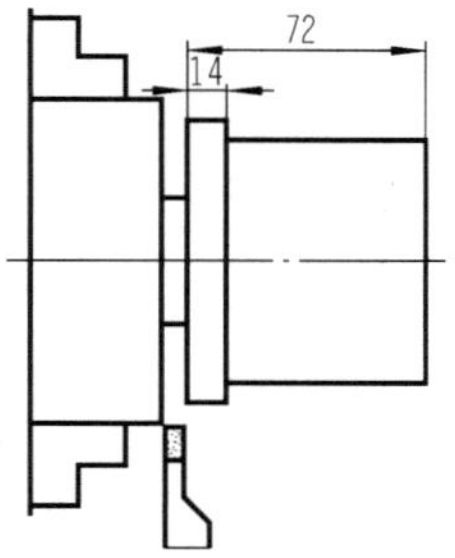

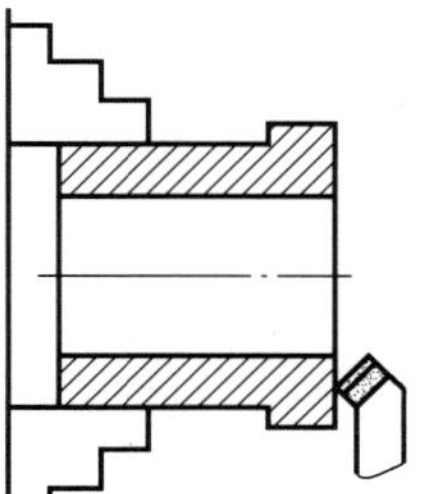

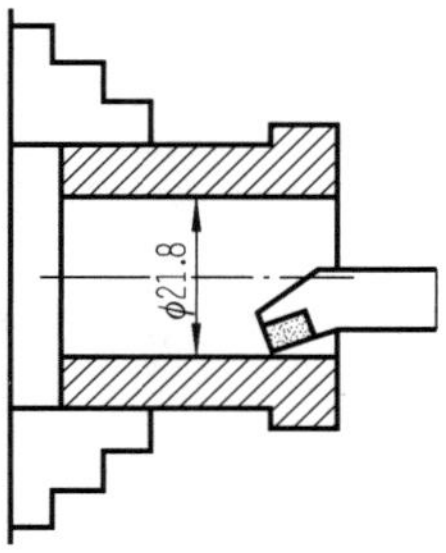

方法	图示	说明
车台阶孔	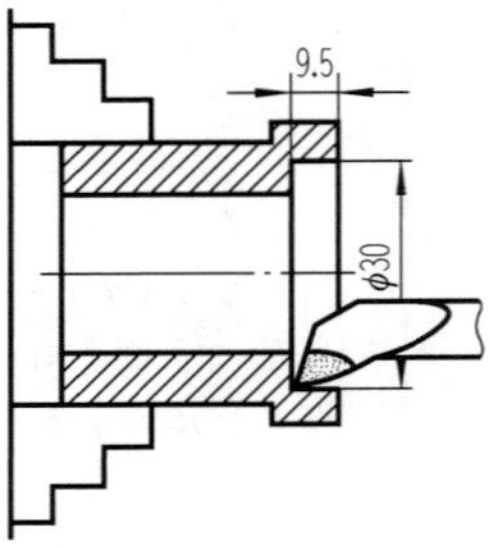	用不通孔车刀车内台阶孔 ϕ30mm×9.5mm
铰孔	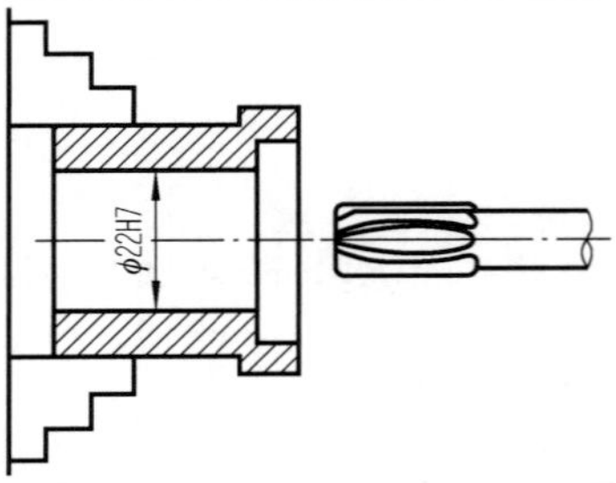	用 ϕ22H7 铰刀铰孔至要求
车外圆	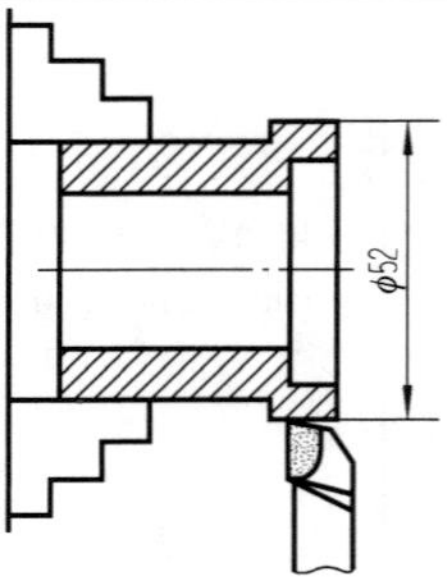	用 90° 车刀车 ϕ52mm 外圆至尺寸要求
车端面	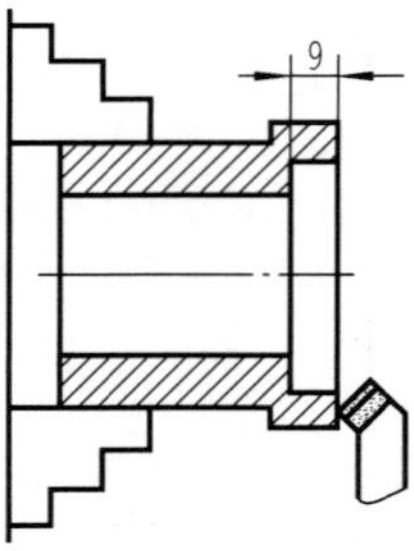	精车 ϕ52mm 端面，保证内台阶孔深 9mm
倒角	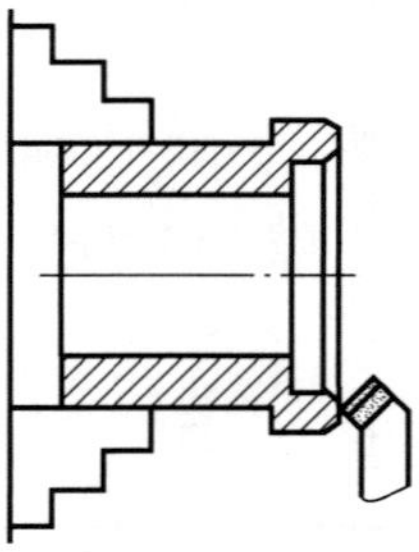	用 45° 车刀对外圆和孔口倒角 $C1$

方法	图示	说明
车台阶外圆	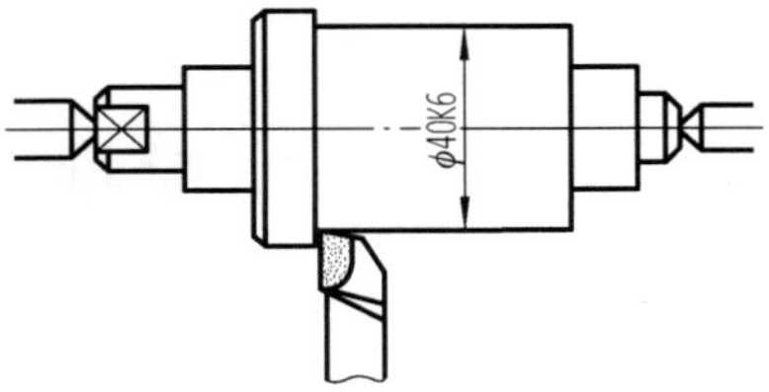	以 ϕ 22H7 孔装心轴，用两顶尖装夹，精车 ϕ 40mm 外圆至尺寸要求
控总长	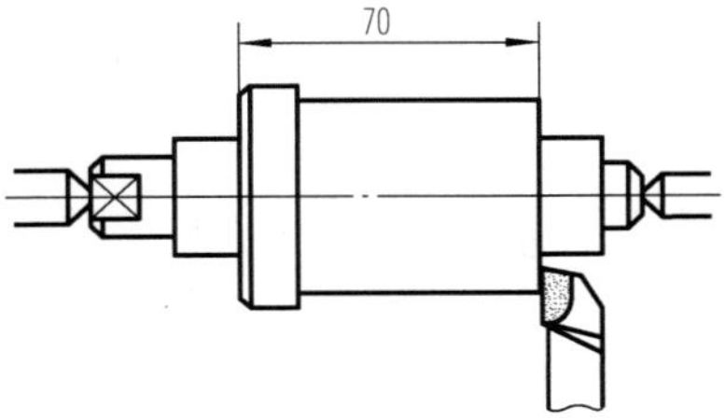	90° 车刀车端面，控总长 70mm
车槽	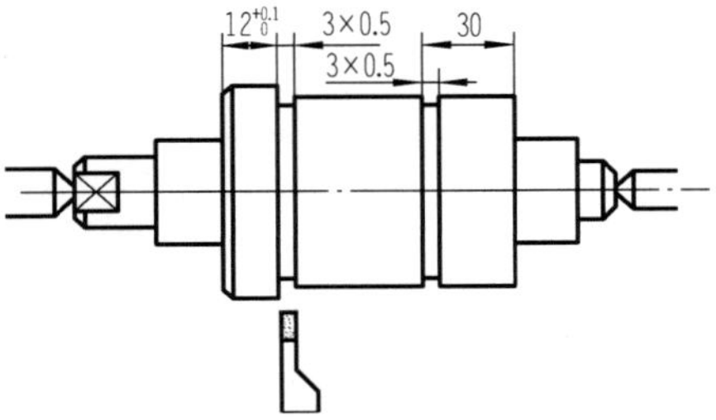	用切槽刀先切左侧 3×0.5mm 槽，台阶端面保证为 $12_{0}^{+0.1}$ mm；再切中部沟槽，保证 30mm 的距离
倒外角	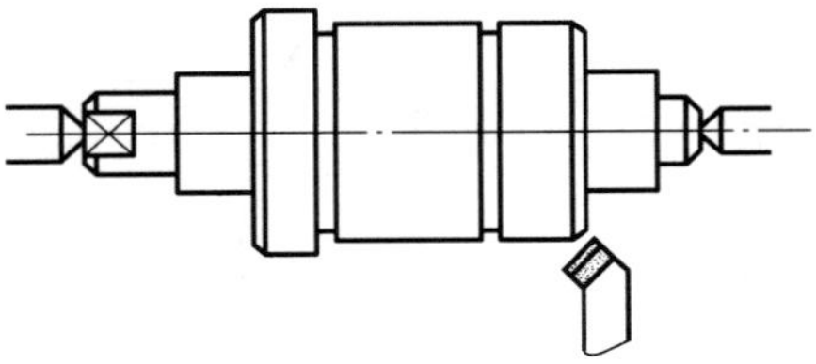	用 45° 车刀倒外角 C1
倒内角	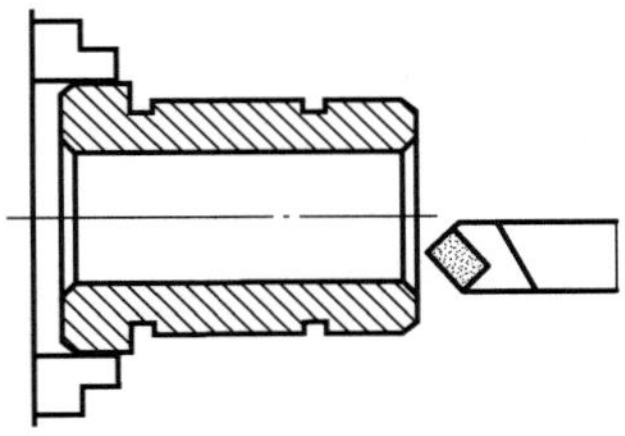	用软卡爪夹持 ϕ 52mm 处，孔口倒角 C1

2.3 车削锥度心轴

锥度心轴的车削图样如图 2-43 所示。

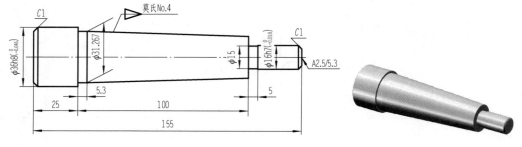

图 2-43　锥度心轴的车削图样

1. 转动小滑板车削圆锥体

车削较短的圆锥体时，可以用转动小滑板的方法。小滑板的转动角度也就是小滑板导轨与车床主轴轴线相交的一个角度，它的大小等于所加工零件的圆锥半角（$\alpha/2$）值，如图 2-44 所示。

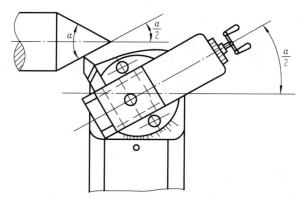

图 2-44　转动小滑板车削圆锥体

（1）转动小滑板车削外圆锥体

转动小滑板车削外圆锥体的操作如下：

01 按要求车出圆锥体大端尺寸外圆。

02 根据尺寸，计算出圆锥半角（$\alpha/2$），松开小滑板底座转盘上的紧固螺母，转动小滑板，然后锁紧转盘，如图 2-45 所示。

03 在大端对刀，记住中滑板刻度，退出，并试车一刀，如图 2-46 所示。

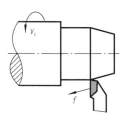

图 2-45 转动角度　　　　　　图 2-46 试车削

04 用圆锥量规（或游标万能角度尺）检测，如图 2-47 所示（检测方法与情况分析判断见表 2-9 和表 2-10）。

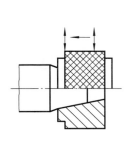

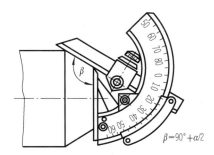

（a）用圆锥量规检测　　　　　　（b）用游标万能角度尺检测

图 2-47 检测

表 2-9 涂色法检测工件

操作项目	图示	说明
涂色		先在工件的圆周上顺着圆锥素线薄而均匀地涂上 3 条显示剂（印油、红丹粉和机械油等的调和物）
配合检测		将圆锥套规轻轻套在工件上，稍加轴向推力，并将套规转动 1/3 圈

操作项目	图示	说明
判断		取下套规，观察工件表面显示剂被擦去情况（判断情况结果见表2-10）

表 2-10　圆锥量规检验圆锥的判断

检验方法	用圆锥套规检验外圆锥		用圆锥塞规检验内圆锥	
显示剂的涂抹位置	外圆锥工件		圆锥塞规	
显示剂擦去的情况	小端擦去，大端未擦去	大端擦去，小端未擦去	小端擦去，大端未擦去	大端擦去，小端未擦去
工件圆锥角	小	大	大	小
检测圆锥线性尺寸	外圆锥的最小圆锥直径		内圆锥的最大圆锥直径	

05 根据情况调整小滑板角度，如图 2-48 所示，以保证圆锥半角正确。

06 角度调整好后，通过对刀对锥体进行精车，如图 2-49 所示。

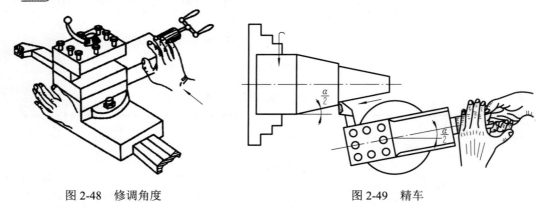

图 2-48　修调角度　　　　　　　　　　图 2-49　精车

　　当工件的圆锥半角大于滑板刻度示值时（滑板刻度示值一般为 50° 左右），就需使用辅助刻线来找正工件圆锥半角了。例如，加工一圆锥半角为 70° 的工件，就必须先把小滑板转过 50°，再在滑板转盘上对准中滑板零位线划一条辅助刻线，然后根据这条辅助刻线将小滑板转过 20°，这样小滑板就转过 70° 了，如图 2-50 所示。

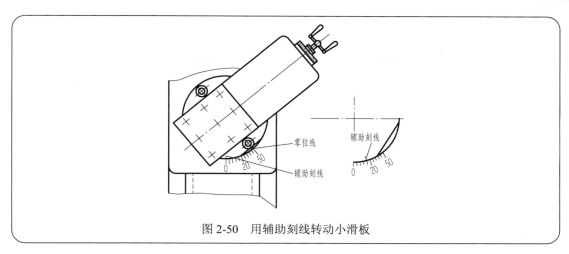

图 2-50 用辅助刻线转动小滑板

（2）转动小滑板车削内圆锥体

车削内圆锥体时，其车削是在孔内进行的，不易观察，因而要比车削外圆锥体困难得多。为了便于测量，工件在装夹时应使锥孔大端直径的位置在外端。

转动小滑板车削内圆锥体的操作方法与步骤如下：

01 先用 90° 外圆车刀车平工件端面，再选择比锥孔小端直径小 1～2mm 的麻花钻钻出底孔。

02 根据尺寸，计算出圆锥半角（$\alpha/2$），松开小滑板底座转盘上的紧固螺母，顺时针转动小滑板，然后锁紧转盘。

03 调整背吃刀量，双手交替转动小滑板手柄，对锥度进行粗车，如图 2-51 所示。

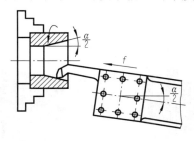

图 2-51 粗车内锥

04 当粗车至圆锥塞规能进孔 1/2 长度时，采用涂色法，用圆锥塞规检测。

05 根据情况调整小滑板角度，保证圆锥半角的正确角度调整好后，通过对刀对锥体进行精车。

2. 偏移尾座车削圆锥体

采用偏移尾座法车削圆锥体，须将工件装夹在两顶尖间，把尾座向里（用于车正外圆锥面）或者向外（用于车倒外圆锥面）横向移动一段距离 S 后，使工件回转轴线与车床主轴轴线相交一个角度，并使其大小等于圆锥半角 $\alpha/2$。由于床鞍进给是沿平行于主轴轴线的进给方向移动的，当尾座横向移动一段距离 S 后，工件就车成一个圆锥体，如图 2-52 所示。它适用于加工锥度小、锥形部分较长的工件。

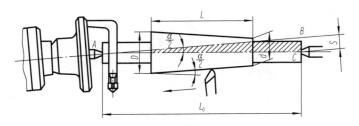

图 2-52　偏移尾座法车削圆锥体

（1）尾座偏移量 S 的计算

用偏移尾座法车削圆锥体时，尾座的偏移量不仅与圆锥长度 L 有关，还与两个顶尖之间的距离有关，这段距离一般可近似看作工件全长 L_0。尾座偏移量 S 可以根据下列近似公式计算：

$$S = L_0 \tan\frac{\alpha}{2} = L_0 \times \frac{D-d}{2L} \qquad \text{或} \qquad S = \frac{C}{2} L_0$$

式中：S——尾座偏移量，mm；

　　　D——最大圆锥直径，mm；

　　　d——最小圆锥直径，mm；

　　　L——圆锥长度，mm；

　　　L_0——工件全长，mm；

　　　C——锥度。

（2）尾座偏移量的控制方法

1）利用尾座刻度控制偏移量。在移动尾座上层零线所对准的下层刻线读出偏移量，如图 2-53 所示。这种方法比较简单，但由于标出的刻度值是以 mm 为单位的，很难一次准确地将偏移量调整到位，因而要经过试车削逐步找正。

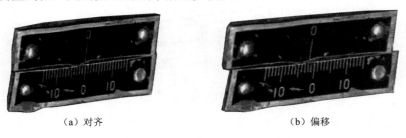

（a）对齐　　　　　　　　　　　　　　（b）偏移

图 2-53　利用尾座刻度控制偏移量

小贴士

对于无刻度的尾座，则采用划线法控制偏移量，其操作方法如下：

01　先在尾座后面涂一层白粉，用划针在尾座上层画出两条刻线，使两条刻线间的距离等于 S；再在尾座下层划出一条刻线，如图 2-54（a）所示。

02　调整尾座，使尾座上层第二根刻线与尾座下层刻线对齐，如图 2-54（b）所示，这样，就偏移了一个 S 的距离。

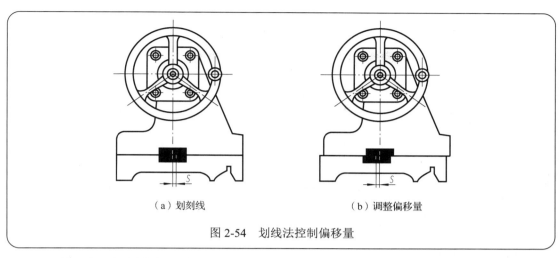

（a）划刻线　　　　　　　　　　（b）调整偏移量

图 2-54　划线法控制偏移量

2）利用中滑板刻度控制偏移量。在刀架上装夹一铜棒，移动中滑板，使铜棒与尾座套筒接触后，消除中滑板刻度盘的空行程，记下中滑板的刻度值，如图 2-55 所示。然后将铜棒退出一个 S 的距离，再调整尾座上部直至套筒接触铜棒。

（a）装夹铜棒　　　　　　（b）退一个 S 的距离　　　　　　（c）调整偏移量

图 2-55　用中滑板刻度控制偏移量

3）利用百分表控制偏移量，如图 2-56 所示。把百分表固定在刀架上，使百分表的测量头垂直接触尾座套筒，并与车床中心等高，调整百分表指针至零位；然后偏移尾座，偏移值就能从百分表上具体读出；最后固定尾座。

4）利用锥度量棒（或标准样件）控制偏移量，如图 2-57 所示。把锥度量棒（或标准样件）装夹在两顶尖间，并把百分表固定在刀架上，使测量头垂直接触量棒（或标准样件）的圆锥素线，并与车床等高；再偏移尾座，纵向移动床鞍，观察百分表指针在圆锥两端的读数是否一致。若读数不一致，则调整尾座位置，直至两端读数一致为止。

图 2-56　利用百分表控制偏移量　　　　图 2-57　利用锥度量棒（或标准样件）控制偏移量

3. 锥度心轴的车削方法

锥度心轴的车削方法见表 2-11。

表 2-11　锥度心轴的车削方法

方法	图示	说明
钻中心孔	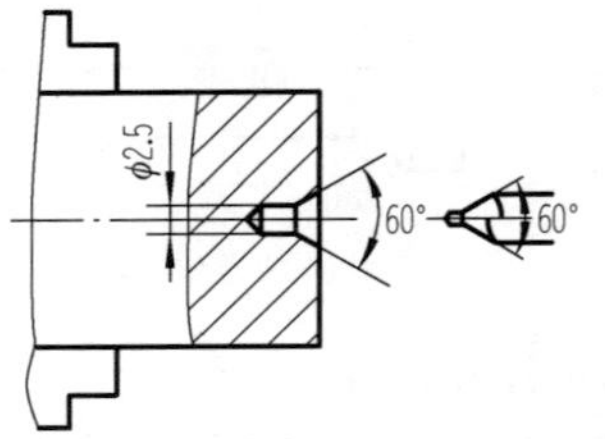	1. 夹工件毛坯外圆，车端面（车平即可） 2. 钻中心孔（A2.5mm）
粗车外圆	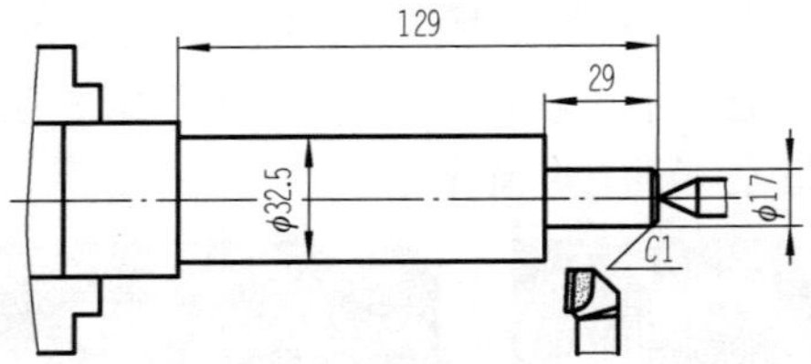	一夹一顶装夹工件：粗车莫氏 No.4 圆锥，大径 ϕ32.5mm，长度 129mm；车外圆 ϕ16h7 至 ϕ17，长度 29mm；倒角 C1
调头	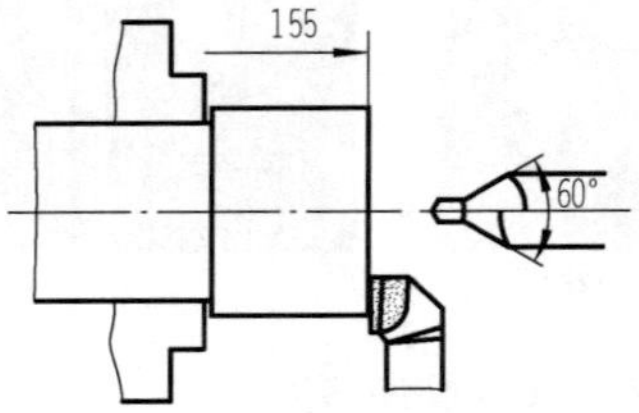	控总长 155mm 后钻中心孔（A2.5mm）
精车外圆	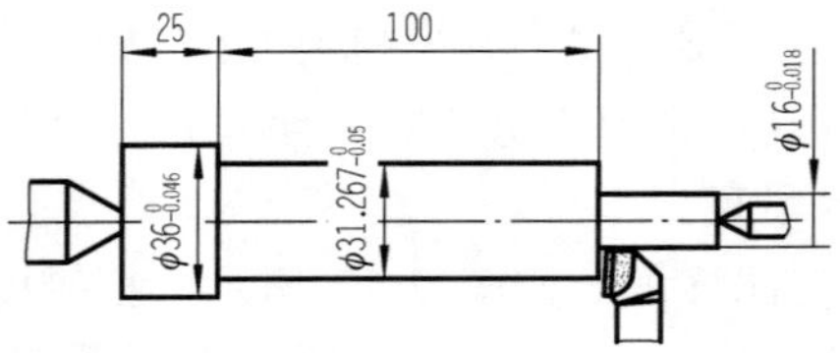	两顶尖装夹：车外圆 $\phi36_{-0.046}^{0}$ mm 至尺寸要求，控制长度为 25mm；车外圆 $\phi31.267_{-0.05}^{0}$ mm 至尺寸要求，控制长度为 100mm；车外圆 $\phi16_{-0.018}^{0}$ mm 至尺寸要求
切槽	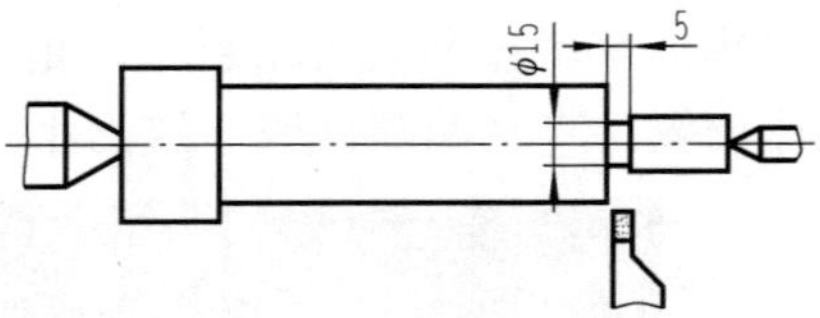	车槽 5mm×ϕ15mm
倒角	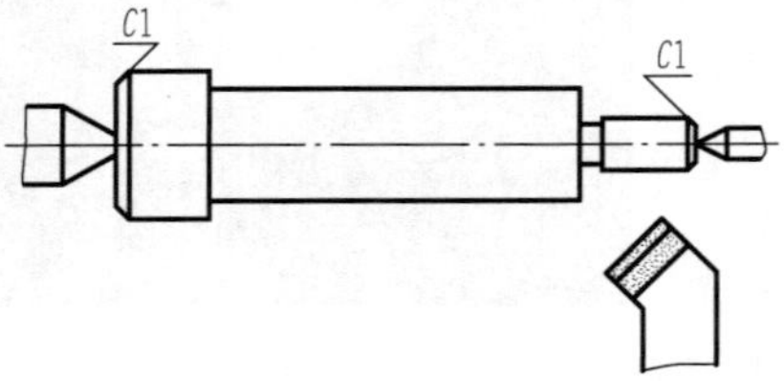	倒角 C1

续表

方法	图示	说明
车锥度	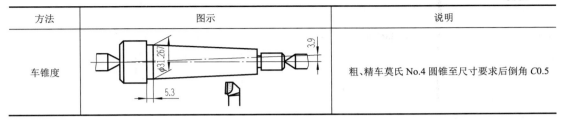	粗、精车莫氏 No.4 圆锥至尺寸要求后倒角 C0.5

车削滚花单球手柄

滚花单球手柄的车削图样如图 2-58 所示。

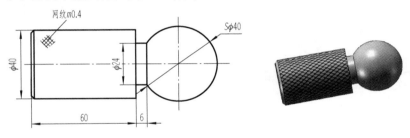

图 2-58 滚花单球手柄的车削图样

1. 球形面的车削

（1）单球手柄形体长度 L 的计算

单球手柄尺寸标注如图 2-59 所示，车削时，应先按圆球直径 D 和柄部直径 d 车成两级外圆（留精车余量 0.2～0.3mm），并车准球状部分长度 L。球形长度计算正确，是保证球形形状精度的前提条件。球形长度可用下式计算：

$$L=\frac{1}{2}\left(D+\sqrt{D^2-d^2}\right)$$

式中：L——球状部分长度，mm；

D——圆球直径，mm；

d——柄部直径，mm。

（2）球形面的车削方法

1）双手控制法车球形面。双手控制法车球形面如图 2-60 所示，是双手控制中、小滑板或者双手控制中滑板与床鞍的合

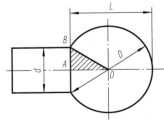

图 2-59 单球手柄尺寸标注

成运动，使刀尖的运动轨迹与零件表面素线（曲线）重合，以达到车削成形面的目的。

如图 2-61 所示，在双手控制法车成形面的车刀刀尖速度运行轨迹图上，车刀刀尖位于各位置上的横向、纵向进给速度是不相同的。车削 a 点时，中滑板横向进给速度 v_{ay} 要比床鞍纵向进给速度 v_{ax} 慢，否则车刀会快速切入工件，而使工件直径变小；车削 b 点时，中滑板与床鞍的进给速度 v_{by} 与右进给速度 v_{bx} 相等；车削 c 点时，中滑板进给速度 v_{cy} 要比床鞍右进给速度 v_{cx} 快，否则车刀就会离开工件表面，而车不到中心。具体操作如下：

01 先按图样要求车出圆球直径 D（留余量 0.2mm），并切槽控制球形长度 L 及柄部直径 d。

02 从右端面量起，以半径 R 为长度，划出圆球中心，如图 2-62 所示。以保证车圆球时左、右球面的对称。

03 用半径为 2～3mm 的圆头刀从最高点 a 向左（c 点）、右（b 点）方向逐步把余量车去，如图 2-63 所示。

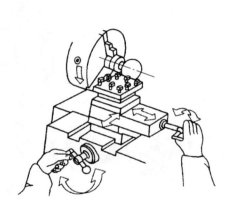

图 2-60 双手控制法车球形面

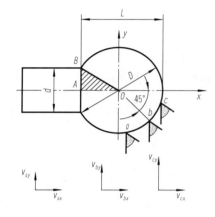

图 2-61 双手控制法车球形面时车刀运行速度分析

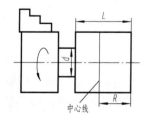

图 2-62 划中心线

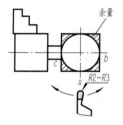

图 2-63 车削

为了减少车圆球时的车削余量，可先用 45° 车刀将圆球外圆两端倒角后再进行车削，如图 2-64 所示。

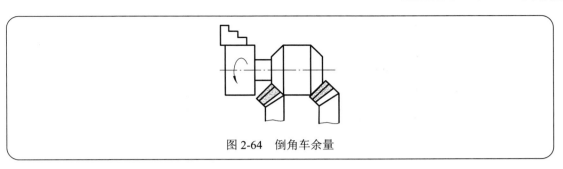

图 2-64　倒角车余量

04 用样板（或千分尺）检测，样板应对准工件中心，观察样板与工件之间间隙的大小，并根据间隙情况进行修整，如图 2-65 所示。

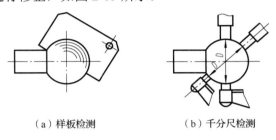

（a）样板检测　　　　　　　　（b）千分尺检测

图 2-65　检测

小 贴 士

为保证柄部与球面连接处轮廓的清晰，一般要用矩形沟槽刀车削或用半圆锉进行锉削，如图 2-66 所示。

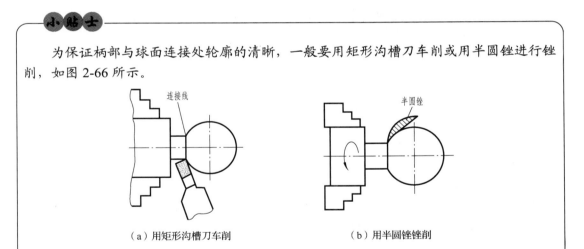

（a）用矩形沟槽刀车削　　　　　　　　（b）用半圆锉锉削

图 2-66　柄部与球面连接部位的修整方法

2）成形法车球形面。成形法是用成形车刀（切削刃的形状与工件成形表面轮廓形状相同的车刀）对工件进行加工的方法，如图 2-67 所示。

3）尾座靠模仿形法车球形面。尾座靠模仿形法车球形面如图 2-68 所示，把一个标准样件（即靠模）装在尾座套筒内。在刀架上装上一把长刀夹，长刀夹上装有圆头车刀和靠模杆。车削时，用双手操纵中小滑板（或使用床鞍自动进给和用手操纵中滑板相配合），使靠模杆始终贴在标准样件上，并沿着标准样件的表面移动，圆头车刀就在工件上车出与标准样件相同的球形面。

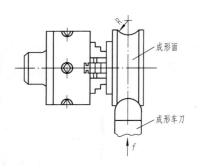

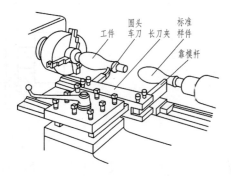

图 2-67　成形法车球形面　　　　　图 2-68　尾座靠模仿形法车球形面

4）靠模板仿形法车球形面。在车床上用靠模板仿形法车球形面，其加工原理如图 2-69 所示，在床身的后面装上支架和靠模板，滚柱通过拉杆与中滑板连接。当床鞍做纵向运动时，滚柱在靠模板的曲线槽中移动，使车刀刀尖做相应的曲线运动，这样便可车出球形面工件。

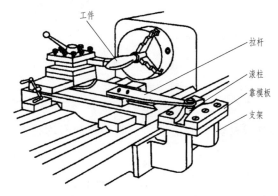

图 2-69　靠模板仿形法车球形面

2. 滚花

（1）滚花的种类

滚花的花纹有直纹和网纹两种。花纹有粗细之分，并用模数 m 表示，其种类和形状如图 2-70 所示。各部分尺寸见图 2-71 和表 2-12。

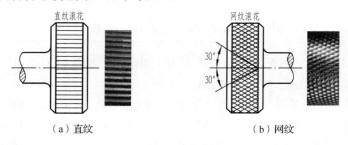

（a）直纹　　　　　　　　　　（b）网纹

图 2-70　滚花的种类和形状

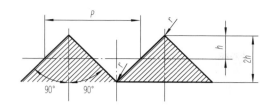

图 2-71 滚花的尺寸标示

表 2-12 滚花的各部分尺寸   单位：mm

模数 m	h	r	节距 p
0.2	0.132	0.06	0.628
0.3	0.198	0.09	0.942
0.4	0.264	0.12	1.257
0.5	0.326	0.16	1.571

注：表中 $p=\pi m=3.14m$，$h=0.785m-0.414r$；滚花后工件的直径大于滚花前工件的直径，其值 $\Delta\approx(0.8\sim1.6)m$。

（2）滚花的标记

滚花的标记见表 2-13。

表 2-13 滚花的标记

标记	含义
模数 $m=0.3$	直纹滚花：直纹 $m=0.3$
模数 $m=0.4$	网纹滚花：网纹 $m=0.4$

（3）滚花刀

车床上用于滚花的刀具称为滚花刀。滚花刀有单轮、双轮和六轮 3 种，其种类与用途见表 2-14。

表 2-14 滚花刀的种类与用途

种类	图示	结构与用途
单轮		单轮滚花刀由直纹滚轮和刀柄组成，用于滚直纹
双轮		双轮滚花刀由两只旋向不同的滚轮、浮动连接头及刀柄组成，用于滚网纹

续表

种类	图示	结构与作用
六轮	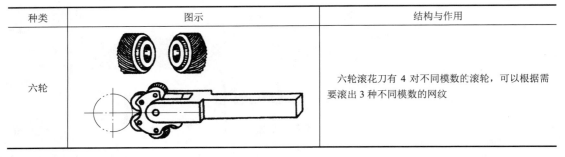	六轮滚花刀有 4 对不同模数的滚轮，可以根据需要滚出 3 种不同模数的网纹

（4）滚花的方法

1）滚花刀的安装。要求如下：

① 滚花刀中心与工件回转中心要等高。

② 滚压非铁合金或滚花表面要求较高的工件时，滚花刀滚轮轴线与工件轴线平行，如图 2-72 所示。滚压碳素钢或滚花表面要求一般的工件时，可使滚花刀刀柄尾部向左偏斜 3°～5° 安装，以便于切入工件表面且不易产生乱纹，如图 2-73 所示。

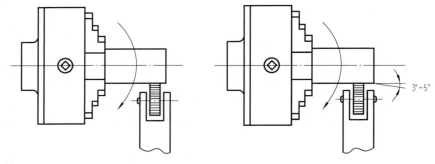

图 2-72　平行装夹　　　　　　图 2-73　倾斜装夹

2）滚花前工件直径的确定。滚花过程是利用滚花刀的滚轮来滚压工件表面的金属层，使其产生一定的塑性变形而形成花纹的，随着花纹的形成，滚花后工件直径会增大。所以一般在滚花前，根据工件材料的性能和花纹模数 m 的大小，应将工件滚花表面的直径车小 $(0.8\sim 1.6)\,m$。

图 2-74　车外圆

3）滚花的方法。具体操作如下：

01 工件采用自定心卡盘装夹，找正夹紧，根据滚花要求，将工件滚花表面的直径车小 $(0.8\sim 1.6)\,m$，如图 2-74 所示。

02 选择与滚花要求相适应的滚花，将其装夹在刀架上。

03 使用较大的压力进刀，使工件刻出较深的花纹，如图 2-75 所示。

04 停车观察花纹情况，符合要求后，采用自动进给滚出其余部分花纹。

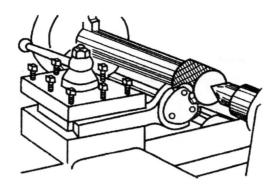

图 2-75　试滚

　　滚花时，应充分浇注切削液以便润滑滚轮和防止滚轮发热损坏，并经常清除滚压产生的切屑，如图 2-76 所示。

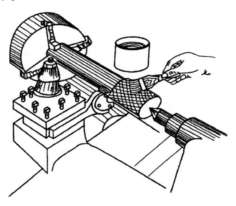

图 2-76　滚压时浇注切削液

3. 滚花单球手柄的车削

滚花单球手柄的车削方法见表 2-15。

表 2-15　滚花单球手柄的车削方法

方法	图示	说明
车端面	>105	用自定心卡盘装夹工件，保证伸出卡爪外长度大于 105mm，找正、夹紧，车端面

方法	图示	说明
控形		用90°车刀粗车滚花外圆，控制滚花外圆尺寸为$\phi42$mm（留2mm精车余量），粗、精车球形部分，控制尺寸为$\phi40$mm，长42mm
切槽		用切槽刀控制球形长度L（36mm）并切出单球柄部直径$\phi24$mm和6mm槽宽
车球形		用圆头车刀采用双手控制法车出$S\phi40$mm球形
精车滚花底径		用90°车刀精车滚花外圆，控制尺寸为$\phi39.8$mm
滚花		选择与图样花纹相对应的滚花刀和合适的切削速度，对工件进行滚花

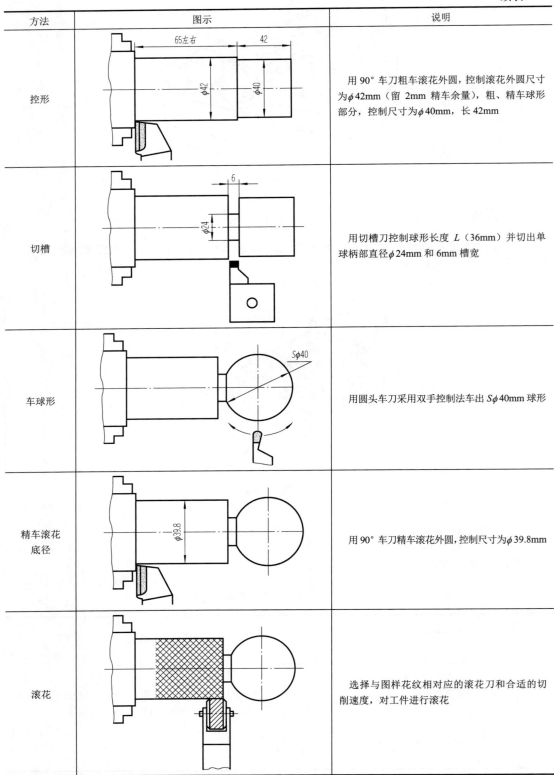

方法	图示	说明
切断	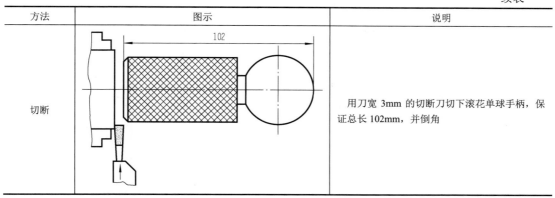	用刀宽 3mm 的切断刀切下滚花单球手柄，保证总长 102mm，并倒角

车 削 普 通 螺 纹 轴

普通螺纹轴的车削图样如图 2-77 所示。

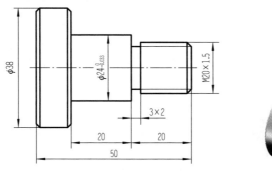

图 2-77　普通螺纹轴的车削图样

1. 三角形螺纹车刀的刃磨

图 2-78 所示是高速钢三角形外螺纹车刀的几何结构。为了车削顺利，粗车刀应选用较大的背前角（$\gamma_p=15°$）。为了获得较正确的牙型，精车刀应选用较小的背前角（$\gamma_p=6°\sim10°$）。

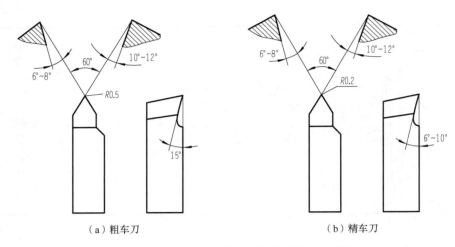

（a）粗车刀　　　　　　　　　（b）精车刀

图 2-78　高速钢三角形外螺纹车刀的几何结构

小贴士

车削精度要求不高的螺纹，其车刀允许存在一个较大的背前角，但必须对其刀尖角进行修正，其修正值可参见表 2-16，也可根据图 2-79 按下式进行计算。

表 2-16　前面上的刀尖角的修正值

背前角	牙型角				
	60°	55°	40°	30°	29°
0°	60°	55°	40°	30°	29°
5°	59° 48′	54° 48′	39° 51′	29° 53′	28° 53′
10°	59° 14′	54° 16′	39° 26′	29° 33′	28° 34′
15°	58° 18′	53° 23′	38° 44′	29° 1′	28° 3′
20°	56° 57′	52° 8′	37° 45′	28° 16′	29° 19′

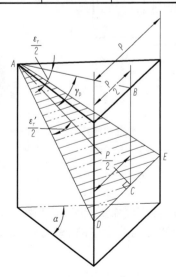

图 2-79　刀尖角修正示意图

α—螺纹的牙型角；γ_p—螺纹的背前角；P—螺纹的螺距；ε_r—刀尖角；ε_r'—修正后的刀尖角

$$\tan\frac{\varepsilon_r'}{2}=\cos\gamma_p\tan\frac{\alpha}{2}$$

式中：　α ——螺纹的牙型角；

　　　　γ_p ——螺纹的背前角；

　　　　ε_r' ——修正后的刀尖角。

三角形外螺纹车刀的刃磨方法如下：

01 双手握刀，使刀柄与砂轮外圆水平方向呈 30° 夹角，垂直方向倾斜 8°～10°。车刀与砂轮接触后稍加压力，并均匀慢慢移动磨出后面，即磨出牙型半角及左侧后角，如图 2-80 所示。

02 磨背向进给方向侧刃，控制刀尖角 ε_r 及后角 α_{oL}。方法同前，如图 2-81 所示。

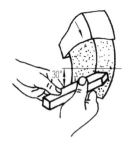
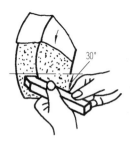

图 2-80　粗磨左后面　　　　　　图 2-81　粗磨右后面

03 用螺纹样板（或角度尺）检查刃磨角度，如图 2-82 所示。

04 两手握刀，根据检测结果，调整刃磨位置，按粗磨左后面的方法精修左后面，如图 2-83 所示。

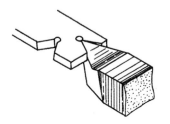
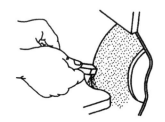

图 2-82　检查刃磨角度　　　　　图 2-83　精磨左后面

05 两手握刀，按粗磨右后面的方法精修右后面，如图 2-84 所示。

06 将车刀前面与砂轮水平面方向倾斜 10°～15°，同时垂直方向做微量倾斜，使左侧切削刃略低于右侧切削刃。前面与砂轮接触后稍加压力刃磨，逐渐磨至近刀尖处，如图 2-85 所示。

07 车刀刀尖对准砂轮外圆，做圆弧摆动，按要求磨出刀尖圆弧（刀尖倒棱或磨成圆弧，宽度约为 0.1P），如图 2-86 所示。

08 用油石研磨，注意保持刃口锋利，如图 2-87 所示。

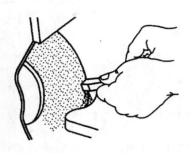

图 2-84　精磨右后面

图 2-85　刃磨前面

图 2-86　刃磨刀尖圆弧

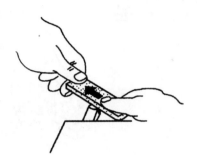

图 2-87　用油石研磨

刃磨车削窄槽或高台阶的螺纹车刀，应将螺纹车刀进给方向一侧的刀刃磨短些，否则车削时不利于退刀，易擦伤轴肩，如图 2-88 所示。

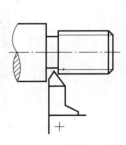 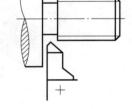

图 2-88　车削窄槽或高台阶的螺纹车刀

2. 三角形螺纹的车削方法

（1）车床的调整

1）中滑板丝杠间隙的调整。CA6140 型车床中滑板丝杠经过长时间使用后，磨损造成的丝杠与螺母的间隙，使手柄与高度盘正、反转时空行程量加大，同时也使中滑板在螺纹车削时前后往复窜动，因而应在螺纹车削前进行适当的调整。

调整时，先松开前螺母上的内六角螺钉，如图 2-89 所示，然后一边正、反转摇动中滑板手柄，一边缓慢交替拧紧中间内六角螺钉和前螺母上的内六角螺钉，直到手柄正、反转空行程量约处于 20°范围内时，将前、后内六角螺钉拧紧，中间内六角螺钉凭手感拧紧即可。

2）中滑板刻度盘松紧的调整。中滑板刻度盘松紧不适当时，刻度盘不能跟随圆盘一起同步转动，造成未进刀的假象，因而极易发生事故。

如图 2-90 所示，调整中滑板刻度盘的松紧时，应先将锁紧螺母和调节螺母松开，抽出圆盘和圆盘中的弹簧片：如果刻度盘与圆盘连接太松，则适当增加弹簧片的弯曲程度；如果太紧，则适当减小弹簧片的弯曲程度，使其弹力减小一些。弹簧片的弯曲程度调节合适后再装回弹簧片和圆盘，并拧紧调节螺母，待刻度盘在圆盘上转动的松紧程度适宜时，将锁紧螺母锁紧。

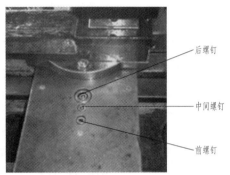

图 2-89　中滑板丝杠间隙的调整

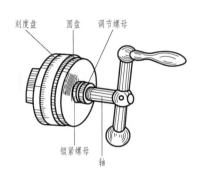

图 2-90　中滑板刻度盘松紧的调整

3）车床长丝杠轴向间隙的调整。车床长丝杠轴向间隙是导致长丝杠轴向窜动的主要原因，如果不加以适当的调整，车螺母时就会产生"窜刀""啃刀""扎刀"等不良现象，从而影响螺纹的加工精度。

如图 2-91 所示，调整车床长丝杠轴向间隙时，可适当拧紧圆螺母，当丝杠轴向窜动值在 0.01mm 内时，再将两个圆螺母拧紧。

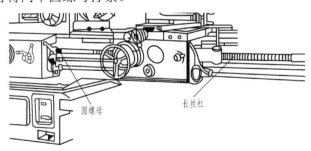

图 2-91　车床长丝杠轴向间隙的调整

4）开合螺母松紧的调整。开合螺母松紧应适度。若过松，车削过程中容易跳起，使螺纹产生"乱牙"；若过紧，开合螺母手柄提起、合下操作不灵活。

（2）尺寸的计算

普通三角形螺纹的牙型如图 2-92 所示，尺寸计算公式参见表 2-17。

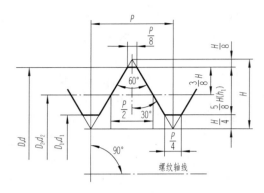

图 2-92 普通三角形螺纹的牙型

表 2-17 普通三角形螺纹的尺寸计算 单位：mm

基本参数	代号		计算公式
	外螺纹	内螺纹	
牙型角	α		$\alpha=60°$
牙型高度	h_1（5H/8）		$h_1=0.5413P$
原始三角形高度	H		$H=0.866P$
螺纹大径（公称直径）	d	D	$d=D$
螺纹中径	d_2	D_2	$d_2=D_2=d-0.6495P$
螺纹小径	d_1	D_1	$d_1=D_1=d-1.0825P$

（3）切削用量与背吃刀量的选择

由于螺纹车刀刀尖较小，散热条件差，切削速度应低于外圆车削。粗车时，v_c＝10～15m/min；精车时，v_c＜5m/min。螺纹车削要经过多次进给才能完成。粗车第一、二刀时，由于总的切削面积不大，可以选择相对较大的背吃刀量，以后每次的背吃刀量应逐渐减小。精车时，背吃刀量更小，以获取较小的表面粗糙度值。但需要注意的是，车削螺纹必须要在一定的进给次数内完成。表 2-18 是螺纹车削时的最少进刀次数，供参考。

表 2-18 车削三角形螺纹的进刀次数

进刀次数	M16（P=2mm）			M20（P=2.5mm）			M24（P=3mm）		
	中滑板进刀格数	小滑板借刀格数		中滑板进刀格数	小滑板借刀格数		中滑板进刀格数	小滑板借刀格数	
		左	右		左	右		左	右
1	10	0		11	0		11	0	
2	6	3		7	3		7	3	
3	4	2		5	3		5	3	
4	2	2		3	2		4	2	
5	1	0.5		2	1		3	2	
6	1	0.5		1	1		3	1	
7	0.25	0.5		1	0		2	1	
8	0.25		2.5	0.5	0.5		1	0.5	
9	0.5		0.5	0.25	0.5		0.5	1	

续表

进刀次数	M16（P=2mm）			M20（P=2.5mm）			M24（P=3mm）		
	中滑板进刀格数	小滑板借刀格数		中滑板进刀格数	小滑板借刀格数		中滑板进刀格数	小滑板借刀格数	
		左	右		左	右		左	右
10	0.5		0.5	0.25		3	0.5		0
11	0.25		0.5	0.5		0	0.25		0.5
12	0.25		0	0.5		0.5	0.25		0.5
13				0.25		0.5	0.5		3
14	螺纹深度=1.3mm；总进刀格数 n=26 格			0.25		0	0.5		0
15				螺纹深度=1.625mm；总进刀格数 n=32.5 格			0.25		0.5
16							0.25		0
							螺纹深度=1.95mm；总进刀格数 n=39 格		

（4）三角形螺纹车刀的安装

三角形螺纹车刀的安装要求如下：

1）螺纹车刀刀尖应与车床主轴轴线等高，一般可根据尾座顶尖的高低调整和检查。

2）螺纹车刀的两刀尖半角的对称中心线应与工件轴线垂直，装刀时可用对刀样板调整，如图 2-93 所示。如果车刀装歪了，会使车出的螺纹两牙型半角不相等，产生倒牙，如图 2-94 所示。

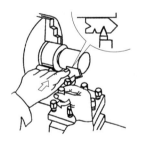

图 2-93 利用对刀样板装刀

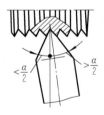

图 2-94 装刀歪斜

3）螺纹车刀伸出不宜过长，一般伸出长度为 25～30mm。

4）高速车削三角形外螺纹时，为了防止工件振动和出现"扎刀"现象，可使用有弹性刀柄的螺纹车刀。装刀时刀尖还应略高于工件中心，一般为 0.1～0.3mm。

（5）三角形螺纹车削时的进刀方式

根据不同的情况，车削螺纹的进刀方式有直进法、左右切削法和斜进法三种，如图 2-95 所示。

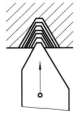

（a）直进法

（b）左右切削法

（c）斜进法

图 2-95 螺纹车削的进刀方式

1）直进法就是在车削时只用中滑板横向进给，车刀两切削刃形成双面车削的情况，如图 2-96 所示。因此，车削时容易产生"扎刀"现象，但能够获得正确的牙型角。它适合车削 $P < 2.5mm$ 的三角形螺纹。

2）左右切削法是在车削时，除中滑板做横向进给外，同时用小滑板将车刀向左或向右做微量进给，车削时形成单面车削情况，如图 2-97 所示。这样不易产生"扎刀"现象，但小滑板的左右移动量不能过大。它适合车削 $P > 2.5mm$ 的三角形螺纹。

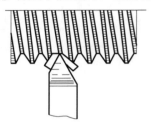

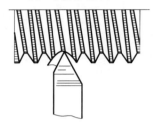

图 2-96　双面车削　　　　　　　　图 2-97　单面切削

3）斜进法就是在每次往复行程后，除中滑板横向进给外，小滑板只向一个方向做微量进给，它同样不易产生"扎刀"现象，但用此方法粗车后，必须用左右切削法精车。它适合车削 $P > 2.5mm$ 的三角形螺纹。

（6）车螺纹的操作方法

常用的螺纹车削的操作方法有开倒顺车法和提开合螺母法。

1）开倒顺车法。如图 2-98 所示，一般习惯上用左手握住主轴箱操作手柄控制车床正反转，右手握中滑板手柄控制背吃刀量。

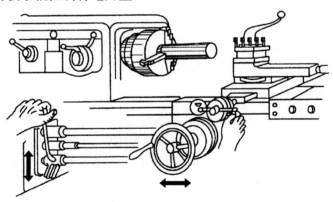

图 2-98　开倒顺车法车螺纹

开倒顺车法车削外螺纹的操作方法如下：

01 在主轴箱外，将螺纹旋向变换手柄放在"右旋螺纹"位置。

02 根据铭牌指示查找螺距，找出手柄所需调整的位置，并调整到位。

03 按下开合螺纹手柄，使开合螺纹与丝杠啮合。

04 工件用卡盘装夹，根据加工要求，车出螺纹外圆（一般情况下，螺纹外圆应比其大径尺寸小 $0.12P$），并切退刀槽。

05 用螺纹样板装刀，保证车刀刀柄与工件轴心线垂直。

06 开车对刀，并调整中滑板刻度至零位，然后先中滑板横向，再纵向退出车刀，如图 2-99 所示。

07 中滑板进刀 0.05mm 左右，合上开合螺母，在工件表面车出一条螺旋槽，然后横向退出车刀，停车，如图 2-100 所示。

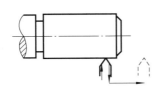

图 2-99　对刀

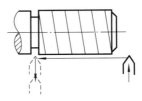

图 2-100　进刀试车

08 开反车使车床反转，纵向退回车刀，停车后用钢直尺（或螺纹规等）检测螺距是否正确，如图 2-101 所示。

09 利用中滑板刻度盘调整背吃刀量，开始进行切削，并注意车削过程。车削至行程终了时，逆时针快速转回中滑板手柄，再停车，开反车退回车刀，如图 2-102 所示。

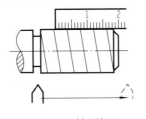

图 2-101　检测螺距

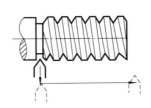

图 2-102　车第一刀

10 再次调整背吃刀量，按图 2-103 所示路线继续车削。

2）提开合螺母法。如图 2-104 所示，左手握中滑板手柄，右手握开合螺母手柄。先将开合螺母手柄向下压，当一次车削完成后，左手迅速摇动中滑板手柄，使车刀退出，刀尖离开工件的同时，右手立即将开合螺母手柄提起，使床鞍停止移动。

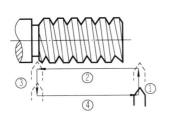

图 2-103　连贯车削

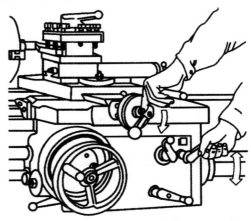

图 2-104　提开合螺母法车螺纹

小 贴 士

在车削过程中，若要更换车刀，换刀后，必须进行动态对刀（中途对刀），其方法如图 2-105 所示。即换刀后装正车刀角度及刀尖对正工件中心，并将车刀退出螺纹加工表面（位置 1 处）；起动车床，按下开合螺母，进行空走刀（无切削状态），待车刀移至加工区域时（位置 2 处）立即停车；移动中、小滑板，使车刀刀尖对准螺旋槽中间，再起动车床，观察车刀刀尖在螺旋槽内的情况，根据情况，再次调整中、小滑板，确保车刀刀尖与螺旋槽对准（位置 3 处）。

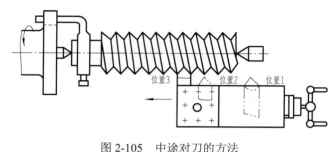

图 2-105 中途对刀的方法

3. 螺纹的测量

（1）单项测量法

1）螺距（或导程）的测量。车削螺纹前，先用螺纹车刀在工件外圆上画出一条很浅的螺旋线，再用金属直尺、游标卡尺或螺纹样板对螺距（或导程）进行测量，如图 2-106 所示。

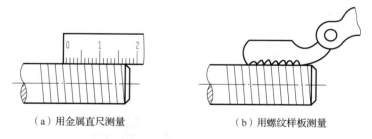

（a）用金属直尺测量　　　　　　　　（b）用螺纹样板测量

图 2-106 螺距（或导程）的测量

2）螺纹顶径的测量。螺纹顶径是指外螺纹的大径或内螺纹的小径，一般用游标卡尺或千分尺测量，如图 2-107 所示。

3）牙型角的测量。一般螺纹的牙型角可以用螺纹样板或牙型角样板（图 2-108）来测量。

图 2-107 用游标卡尺测量顶径

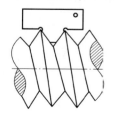

图 2-108 用牙型角样板测量牙型角

4）螺纹中径的测量。

① 用螺纹千分尺测量螺纹中径。三角形螺纹的中径可用螺纹千分尺测量，如图 2-109 所示。螺纹千分尺的读数原理与千分尺相同，但不同的是，螺纹千分尺有 60° 和 55° 两套适用于不同牙型角和不同螺距的测量头。测量头可以根据测量的需要进行选择，然后分别插入千分尺的测杆和砧座的孔内。但必须注意，在更换测量头后，必须调整砧座的位置，使千分尺对准零位。

测量时，与螺纹牙型角相同的上、下两个测量头正好卡在螺纹的牙侧上。从图 2-109（b）中可以看出，$ABCD$ 是一个平行四边形，因此测得的尺寸 AD 就是中径的实际尺寸。

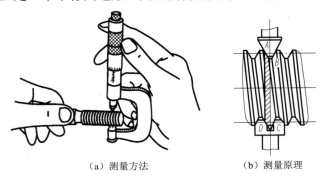

（a）测量方法   （b）测量原理

图 2-109　用螺纹千分尺测量螺纹中径

螺纹千分尺的误差较大，为 0.1mm 左右。一般用来测量精度不高、螺距（或导程）为 0.4～6mm 的三角形螺纹。

② 用三针测量螺纹中径。用三针测量螺纹中径是一种比较精密的测量方法。测量时将 3 根量针放置在螺纹两侧相对应的螺旋槽内，用千分尺量出两边量针顶点之间的距离 M，如图 2-110 所示。根据 M 的值可以计算出螺纹中径的实际尺寸。用三针测量螺纹中径时，M 值和中径 d_2 的计算公式见表 2-19。

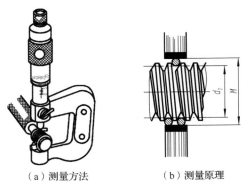

（a）测量方法   （b）测量原理

图 2-110　用三针测量螺纹中径

表 2-19　用三针测量螺纹中径 d_2（或蜗杆分度圆直径 d_1）的计算公式　　单位：mm

螺纹或蜗杆	牙型角 α	量针直径 d_D			M 值的计算公式
		最大值	最佳值	最小值	
普通螺纹	60°	1.01P	0.577P	0.505P	$M = d_2 + 3d_D - 0.866P$

续表

螺纹或蜗杆	牙型角α	量针直径 d_D			M 值的计算公式
		最大值	最佳值	最小值	
寸制螺纹	55°	$0.894P-0.029$	$0.564P$	$0.481P-0.016$	$M=d_2+3.166d_D-0.961P$
梯形螺纹	30°	$0.656P$	$0.518P$	$0.486P$	$M=d_2+4.864d_D-1.866P$
米制蜗杆	20°（齿形角）	$2.446m_x$	$1.672m_x$	$1.610m_x$	$M=d_1+3.924d_D-4.316m_x$

注：m_x 为蜗杆的模数。

　　测量时所用的 3 根直径相等的圆柱形量针，是由量具厂专门制造的，也可用 3 根新直柄麻花钻的柄部代替。量针直径 d_D 不能太小或太大。最佳量针直径是指量针横截面与螺纹中径处牙侧相切时的量针直径，如图 2-111（b）所示。量针直径的最大值、最佳值和最小值可用表 2-19 中的公式计算出。选用量针时，应尽量接近最佳值，以便获得较高的测量精度。

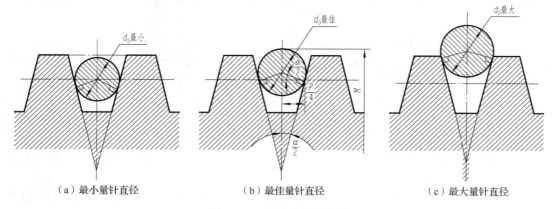

（a）最小量针直径　　　　　（b）最佳量针直径　　　　　（c）最大量针直径

图 2-111　量针直径的选择

　　③ 用单针测量螺纹中径。用单针测量螺纹中径的方法如图 2-112 所示，这种方法比三针测量法简单。测量时只需使用一根量针，另一侧利用螺纹大径作基准，在测量前应先量出螺纹大径的实际尺寸，其原理与三针测量法相同。

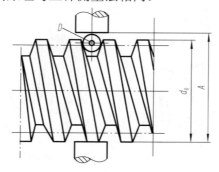

图 2-112　单针测量螺纹中径

D—钢针直径；d_0—螺纹大径的实际尺寸；A—千分尺的读数

　　单针测量螺纹中径时，千分尺测得的读数值可按下式计算：

$$A=\frac{d_0+M}{2}$$

式中：d_0——螺纹大径的实际尺寸，mm；

M——用三针测量时千分尺的读数，mm。

（2）综合测量法

综合测量法是用螺纹量规对螺纹各基本要素进行综合性测量。螺纹量规包括螺纹塞规和螺纹环规，它们分别有通规 T 和止规 Z。螺纹塞规用来测量内螺纹；螺纹环规用来测量外螺纹，如图 2-113 所示。

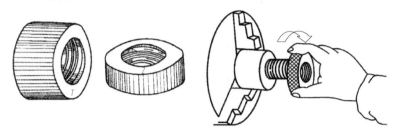

图 2-113　螺纹环规及其使用

4. 普通螺纹轴的车削

普通螺纹轴的车削方法见表 2-20。

表 2-20　普通螺纹轴的车削方法

方法	图示	说明
车端面		自定心卡盘装夹工件，伸出长度约为 60mm，找正、夹紧，车端面
车各挡外圆		粗、精车各挡外圆至图样要求
倒角		ϕ38mm 外圆和螺纹外圆处倒角 C1

方法	图示	说明
切槽	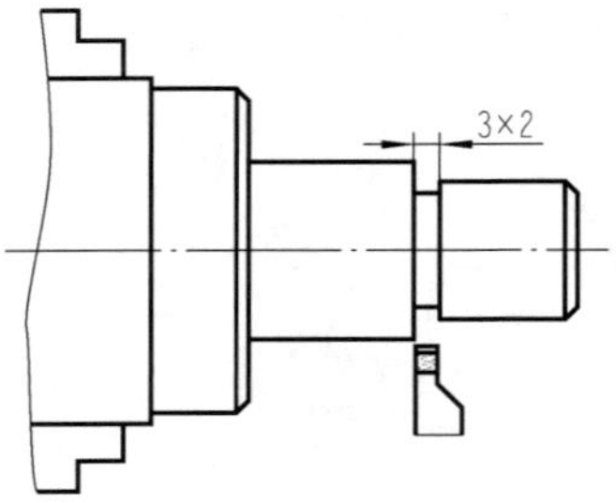 3×2	用刀宽为 3mm 的车槽刀车槽宽为 3mm、槽深为 2mm（底径ϕ16mm）的槽至尺寸要求
车螺纹	M20×1.5	开倒顺车，采用直进法粗、精车 M20×1.5mm 螺纹至图样要求（检测合格后取下工件）
切断	50.5	用切断刀将工件切断，取长度 50.5mm
控总长	50 C1	调头，包铜皮夹ϕ24mm 外圆找正，车端面，控总长 50mm，并倒角 C1

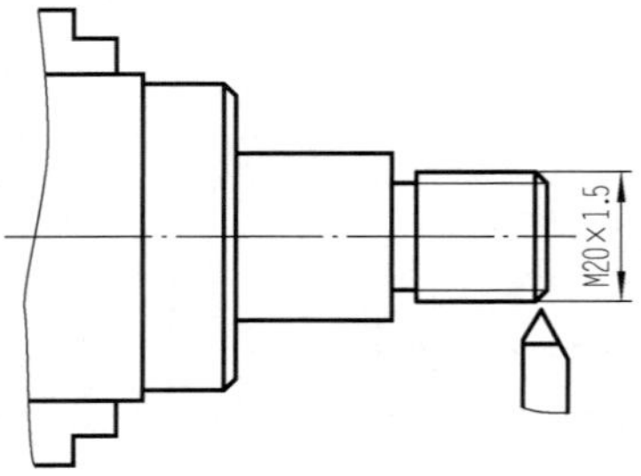

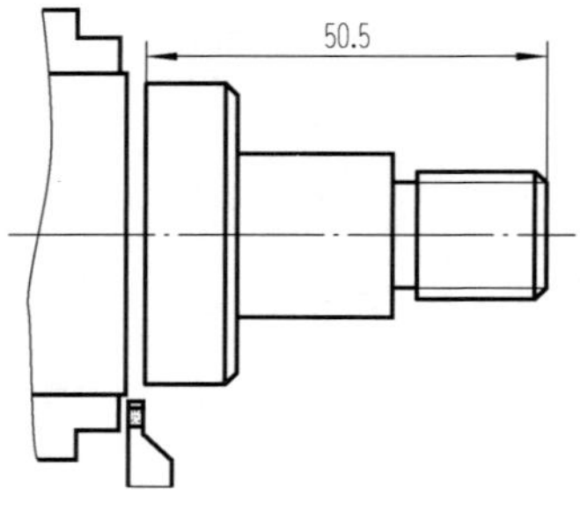

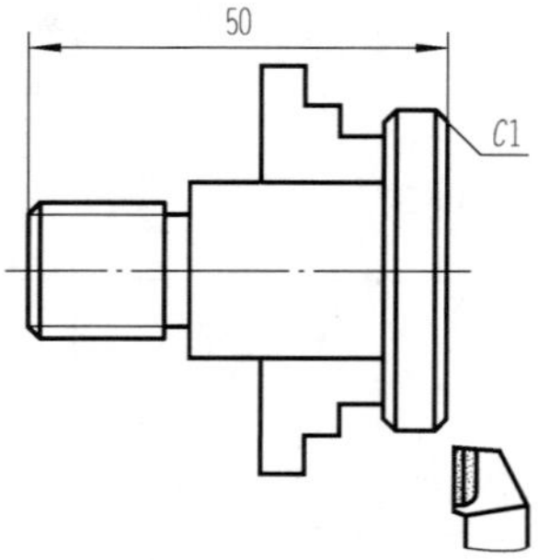

车削丝杠轴

丝杠轴的车削图样如图 2-114 所示。

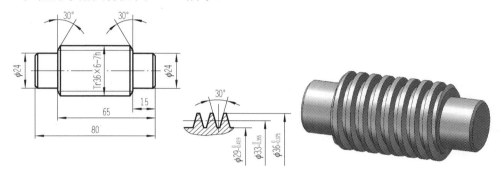

图 2-114 丝杠轴的车削图样

1. 梯形螺纹公称尺寸的计算

要正确车削梯形螺纹，首先要掌握它的基本结构和相关参数（图 2-115），其基本要素的计算公式见表 2-21。

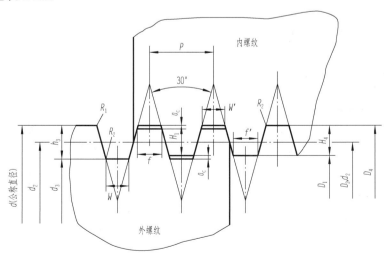

图 2-115 梯形螺纹牙型的基本结构和参数

表 2-21 梯形螺纹基本要素计算公式

名称		代号	计算公式		
牙型角		α	$\alpha=30°$		
螺距		P	由螺纹标准确定		
牙顶间隙		a_c	P/mm	1.5～5	6～12	14～44
			a_c/mm	0.25	0.5	1
外螺纹	大径	d	公称直径		
	中径	d_2	$d_2=d-0.5P$		
	小径	d_3	$d_3=d-2h_3$		
	牙高	h_3	$h_3=0.5P+a_c$		
内螺纹	大径	D_4	$D_4=d+2a_c$		
	中径	D_2	$D_2=d_2$		
	小径	D_1	$D_1=d-P$		
	牙高	H_4	$H_4=h_3$		
螺纹配合高度		H_1	$H_1=h_3-a_c$		
牙顶宽		f、f'	$f=f'=0.366P$		
牙槽底宽		W、W'	$W=W'=0.336P-0.536a_c$		

2. 梯形螺纹的车削方法

（1）梯形螺纹车刀的装夹

梯形螺纹车刀的装夹应满足：

1）螺纹车刀刀尖应与工件轴线等高。弹性螺纹车刀由于车削时受切削抗力的作用会被压低，所以刀尖应高于工件轴线 0.2～0.5mm。

2）为了保证梯形螺纹车刀两刃夹角中线垂直于工件轴线，当在基面内安装梯形螺纹车刀时，可以用螺纹样板进行对刀，如图 2-116 所示。若以刀柄左侧面为定位基准，在工具磨床上刃磨的梯形螺纹精车刀，装刀时可用百分表校正刀柄侧面位置，以控制车刀在基面内的装刀偏差，如图 2-117 所示。

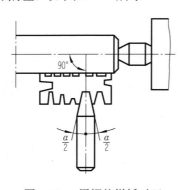

图 2-116 用螺纹样板对刀

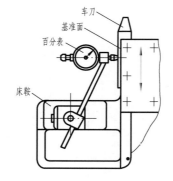

图 2-117 用百分表校正刀柄侧面位置

（2）梯形螺纹的车削方法

对于螺距小于 4mm 且精度要求不高的梯形螺纹，可用一把梯形螺纹车刀车削完成。粗车时，采用少时的左右切削法；精车时采用斜进法，如图 2-118 所示。

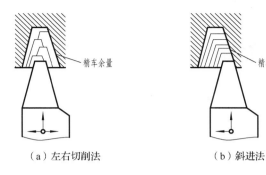

（a）左右切削法　　　　　　　　　（b）斜进法

图 2-118　螺距小于 4mm 的梯形螺纹的车削方法

1）螺距为 4～8mm 或精度要求较高的梯形螺纹，一般采用左右切削法或车直槽法车削，具体车削步骤如下：

① 粗车、半精车梯形螺纹大径，留 0.3mm 左右的余量，且倒角与端面成 15°。

② 用左右切削法粗车、半精车螺纹，每边留余量 0.1～0.2mm，螺纹小径精车至尺寸，如图 2-119 所示；或选用刀头宽度稍小于槽底的切槽刀，采用直进法粗车螺纹，槽底直径等于螺纹小径，如图 2-120 所示。

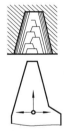

图 2-119　左右切削法粗车、半精车螺纹　　　　图 2-120　直进法粗车螺纹

③ 精车螺纹大径至图样要求。

④ 换两侧切削刃有卷屑槽的梯形螺纹精车刀，采用左右切削法精车两侧面至图样要求，如图 2-121 所示。

2）螺纹大于 8mm 的梯形螺纹，一般采用切梯形槽的方法车削，方法如下：

① 粗车、半精车螺纹大径，留 0.3mm 左右的余量，且倒角与端面成 15°。

② 用刀头宽度小于 $P/2$ 的切槽刀采用直进法粗车螺纹至接近中径处，再用刀头宽略小于槽底的切槽刀采用直进法粗车螺纹，槽底直径等于螺纹小径，从而形成阶梯状的螺旋槽，如图 2-122 所示。

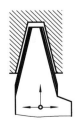

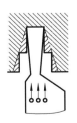

图 2-121　用有卷屑槽的梯形螺纹车刀精车螺纹　　　图 2-122　车阶梯槽

③ 用梯形螺纹粗车刀采用左右切削法半精车螺纹槽两侧，每边留余量 0.1～0.2mm，如图 2-123 所示。

④ 精车螺纹大径至图样要求。

⑤ 用梯形螺纹车刀精车两侧面，控制螺纹中径，完成螺纹车削，如图 2-124 所示。

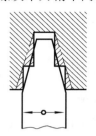

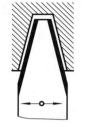

图 2-123　用左右切削法半精车螺纹两侧　　　　　　图 2-124　精车螺纹

　　车削梯形螺纹时，切削力较大，工件一般宜采用一夹一顶方式装夹，如图 2-125 所示，以保证装夹牢固。此外，轴向采用限位台阶或限位支撑固定工件的轴向位置，以防车削中工件轴向窜动或移位而造成"乱牙"或撞坏车刀。

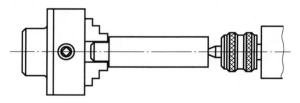

图 2-125　车梯形螺纹时工件的装夹方式

3. 丝杠轴的车削

丝杠轴的车削方法见表 2-22。

表 2-22　丝杠轴的车削方法

方法	图示	说明
钻中心孔		夹持伸出长度 100mm 左右，找正并夹紧，车平端面后钻中心孔 A3

方法	图示	说明
车螺纹大径	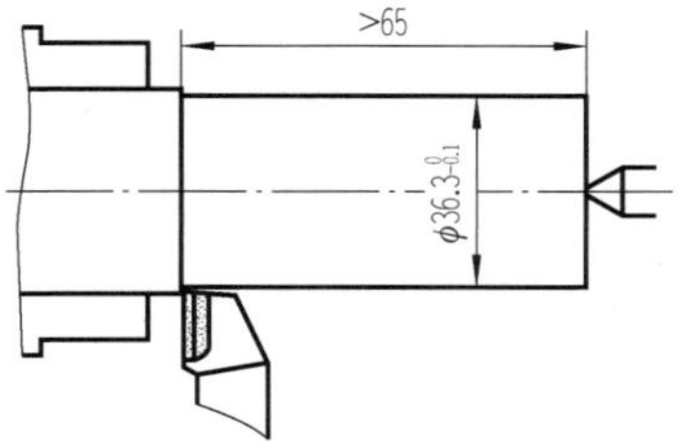	一夹一顶装夹工件，粗车螺纹大径至 $\phi 36.3_{-0.1}^{0}$ mm，长度大于 65mm
车右侧台阶外圆	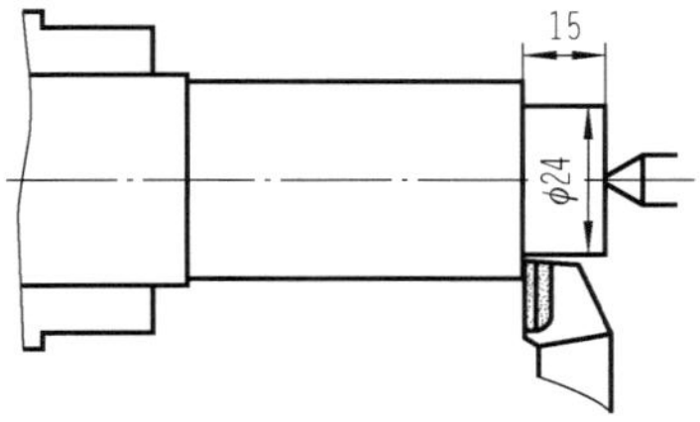	粗、精车外圆 $\phi 24$mm 至尺寸要求，长度为 15mm
车退刀槽	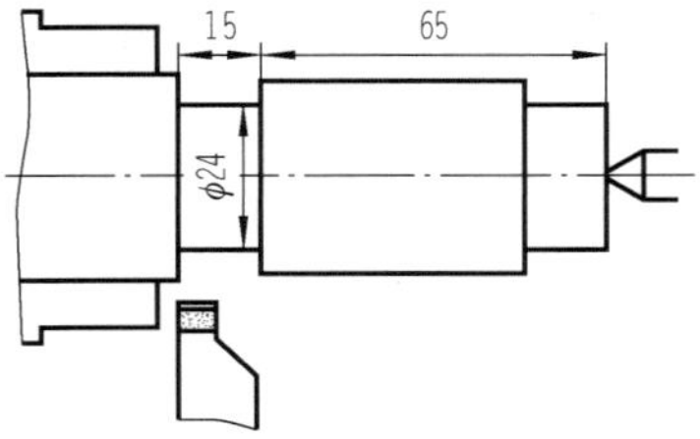	粗、精车退刀槽至 $\phi 24$mm，宽度大于 15mm，控制长度尺寸 65mm
倒角	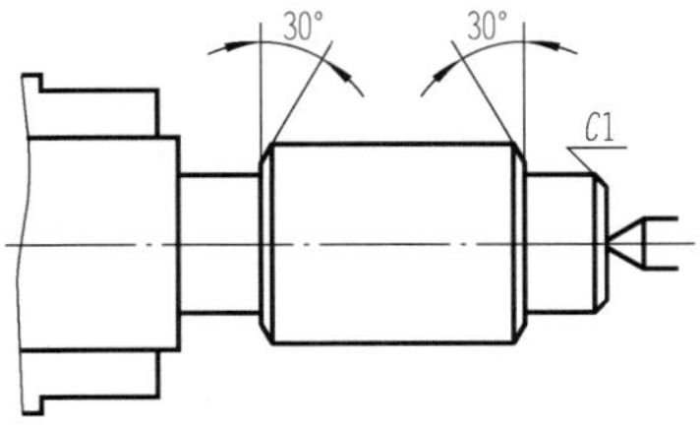	螺纹两端倒 30° 角和倒角 C1
车梯形螺纹	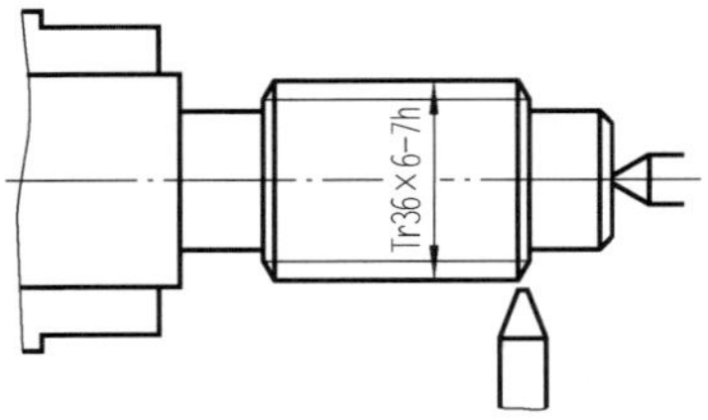	粗车梯形螺纹 Tr36×6-7h，车小径 $\phi 29_{-0.419}^{0}$ mm 至要求。两牙侧留余量 0.2mm
	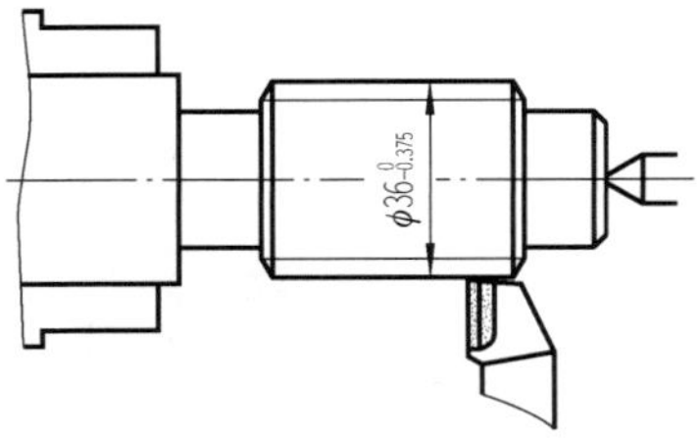	精车梯形螺纹大径至尺寸要求 $\phi 36_{-0.375}^{0}$ mm

续表

方法	图示	说明
车梯形螺纹		精车两牙侧面，用三针测量，控制中径尺寸 $\phi 33_{-0.355}^{0}$ mm 至要求
切断		工件用切断刀切断，控制长度为 81mm
调头，控总长		调头，垫铜片装夹螺纹大径，找正。车端面，控制总长为 80mm，并倒角 $C1.5$

2.7

车 削 偏 心 轴

偏心轴的车削图样如图 2-126 所示。

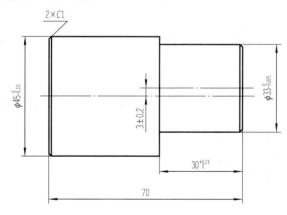

图 2-126 偏心轴的车削图样

1. 偏心的划线

偏心的划线方法如下：

01 将工件毛坯车成一根光轴（直径为 D，长为 L），使两端面与轴线垂直（其误差影响找正精度），表面粗糙度为 1.6μm。然后在轴的两端面和四周外圆上涂一层蓝色显示剂，待干后将其放在平板上的 V 形架中，如图 2-127 所示。

02 用游标高度尺测量光轴的最高点，并记下读数；再把游标高度尺的游标下移工件实际测量直径尺寸的一半，并在工件的端面划出一条水平线，如图 2-128 所示；然后将工件转过 180°，仍用刚才调整的高度，再在另一端面划另一条水平线。检查前、后两条线是否重合。若重合，即为此工件的水平轴线；若不重合，则需将游标高度尺进行调整，游标下移量为两平行线间距的一半。如此反复，直至两平行线重合为止。

图 2-127　涂色后放于 V 形架中

图 2-128　划水平线

03 找出工件轴线后，即可在工件的端面和四周划圈线。

04 将工件转过 90°，用平型直角尺对齐已划好的端面线，如图 2-129 所示，再用刚才调整好的游标高度尺在轴端面和四周划一道圈线。这样在工件上就得到两道互相垂直的线了。

05 将游标高度尺的游标上移一个偏心距尺寸，也在轴端面和四周划一道圈线，如图 2-130 所示。

06 偏心距中心线划出后，在偏心距中心处两端分别打样冲眼，要求打样冲眼的中心位置准确无误，眼坑宜浅，且小而圆，如图 2-131 所示。

图 2-129　旋转 90° 对齐端面线

图 2-130　划偏心线

图 2-131　打样冲眼

若采用两顶尖装夹车削偏心轴，则要依此样冲眼先钻出中心孔。

2. 偏心的车削方法

（1）在单动卡盘上车偏心

在单动卡盘上车偏心时，必须按已划好的偏心和侧素线找正，使偏心轴线与车床主轴轴线重合，如图 2-132 所示，工件装夹后即可车削。

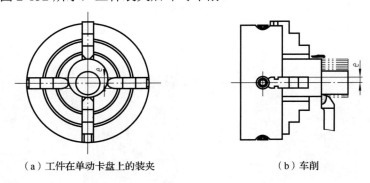

（a）工件在单动卡盘上的装夹　　　　　（b）车削

图 2-132　在单动卡盘上车偏心

（2）在两顶尖间车偏心

一般的偏心轴，只要两端面能钻中心孔，有鸡心夹头的装夹位置，都应该用两顶尖间车偏心的方法，如图 2-133 所示。因为在两顶尖间车偏心与车一般外圆没有多大的区别，仅仅是两顶尖是顶在偏心中心孔加工而已。

（3）在自定心卡盘上车偏心

长度较短的偏心工件，也可在自定心卡盘的一个卡爪上增加一块垫片，使工件产生偏心来车削，如图 2-134 所示。

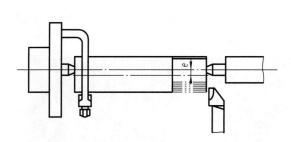

图 2-133　在两顶尖间车偏心

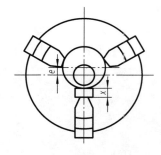

图 2-134　在自定心卡盘上车偏心

垫片的厚度可用以下近似公式计算：

$$x = 1.5e + k$$
$$k \approx 1.5\Delta e$$
$$\Delta e = e - e_{测}$$

式中：e——工件偏心距，mm；

k——偏心距修正值，mm；

Δe——试切后，实测偏心距误差，mm；

$e_{测}$——试切后，实测偏心距，mm。

（4）在偏心卡盘上车偏心

偏心卡盘如图 2-135 所示，分两层，底盘用螺钉固定在车床主轴的连接盘上，偏心体与底盘燕尾槽相互配合。偏心体上装有自定心卡盘。利用丝杠来调整卡盘的中心距，偏心距 e 的大小可在两个测量头之间测得。当偏心距为零时，两测量头正好相碰。转动丝杠时，两测量头逐渐离开，离开的尺寸即是偏心距。两测量头之间可用百分表或量块测量。当偏心距调整好后，用 4 只方头螺钉紧固，把工件装夹在自定心卡盘上，就可以进行车削。

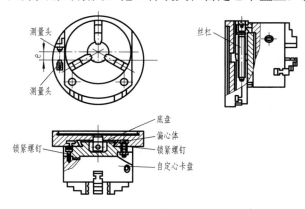

图 2-135　偏心卡盘

3. 偏心距的测量

（1）在两顶尖间测量偏心距

两端有中心孔的偏心轴，如果偏心距较小，可在两顶尖间测量偏心距。测量时，把工件装夹在两顶尖之间，百分表的测头与偏心轴接触，用手转动偏心轴，百分表上指示出的最大值和最小值之差的一半就等于偏心距。

（2）在 V 形架上间接测量偏心距

偏心距较大的工件，因为受到百分表测量范围的限制，或无中心孔的偏心工件，可用间接测量偏心距的方法，如图 2-136 所示。测量时，把 V 形架放在平板上，并把工件安放在 V 形架中，转动偏心轴，用百分表测量出偏心轴的最高点，找出最高点后，把工件固定。再将百分表水平移动，测出偏心轴外圆到基准轴外圆之间的距离 a，然后用下式计算出偏心距 e：

$$e = \frac{D}{2} - \frac{d}{2} - a$$

式中：D——基准轴直径，mm；

d——偏心轴直径，mm；

a——基准轴外圆到偏心轴外圆之间的最小距离，mm。

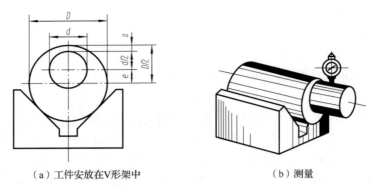

（a）工件安放在V形架中　　　　　　　　　　　　（b）测量

图 2-136　偏心距的间接测量方法

　　用上述方法，必须把基准轴直径和偏心轴直径用千分尺测量出正确的实际值，否则计算时会产生误差。

　　4. 偏心轴的车削

　　偏心轴的车削方法见表 2-23。

表 2-23　偏心轴的车削方法

方法	图示	说明
车光轴		用 90°外圆车刀车光轴，保证外圆尺寸为 $\phi45_{-0.10}^{0}$ mm，长度大于 70mm
切断		用刀宽 4mm 的切断刀切断光轴，保证长度大于 70mm，并倒角 $C1$

续表

方法	图示	说明
涂色、划线		将光轴涂色并置于 V 形架上,用游标高度尺划出偏心线（ $e=3\pm0.2\text{mm}$ ）
装夹、找正		在自定心卡盘上垫垫片装夹工件,将百分表测量杆与光轴外圆垂直接触,并使触头压缩 0.5～1mm,移动床鞍,用百分表在 a、b 两处交替测量,使偏心圆轴线与车床主轴轴线重合。再将百分表置于 b 处,用手缓慢转动卡盘一周检测偏心距（百分表在工件转过一周中,读数最大值与最小值之差的一半即为偏心距）,检测完成后,再移至 a 处测量,a、b 两处偏心距应在图样允许的公差范围内
车偏心		选择合适的切削用量,用 90° 外圆车刀车出偏心,保证外圆尺寸为 $\phi 33_{-0.025}^{0}$ mm,长度为 $30_{0}^{+0.21}$ mm
倒角		外圆车好后,换用 45° 车刀对偏心外圆倒角 C1

找正时应反复进行并及时调整,直至正确为止。

3 模块

考核鉴定

>>>>

◎ **模块导读**

本模块是综合训练。通过考核鉴定，能进一步巩固并提高学生在前置训练项目中所获得的工艺知识和操作技能。

◎ **学习目标**

知识目标：

1. 熟悉安全技术操作规程及企业文明生产的有关规定。
2. 掌握保证工件加工形位精度要求的方法。
3. 知道车削加工中产生废品的原因和预防方法。

能力目标：

1. 能按照相关规定进行安全、文明生产。
2. 能按工件的技术要求，正确选择车削方法及适当的一般夹具。
3. 能按工件几何形状、材料，合理选择切削用量，并刃磨合适的刀具。

3.1

车削中间轴

中间轴的车削图样如图 3-1 所示。

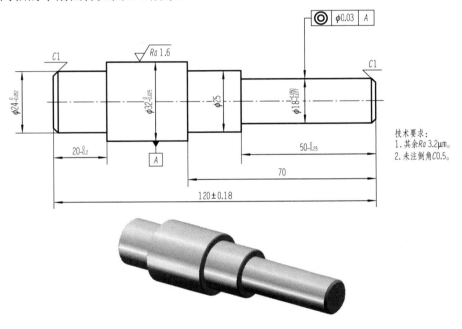

图 3-1 中间轴的车削图样

1. 工艺准备

（1）总体要求

1）本考核内容分值：100 分。

2）考核时间：70min。

（2）材料准备（表 3-1）

表 3-1 材料准备

材料名称	规格	数量
45 钢	下料 ϕ 5mm×125mm	1

（3）设备与刀具、量具、工具准备（表3-2）

表3-2 设备与刀具、量具、工具准备

项目	内容		备注
	名称	规格	
设备	车床	CA6140 型卧式车床	
刀具	中心钻	A3	
	外圆车刀	90°焊接车刀	
		45°焊接车刀	
量具	游标卡尺	0～125mm	
	千分尺	0～25mm	
		25～50mm	
工具	卡盘扳手	45 钢制作，四方头部高频淬火	
	刀架扳手	45 钢制作，头部内四方孔	
	机油	30 号	
	油枪和棉纱	高压机油枪	
夹具	卡盘	自定心卡盘	
	顶尖	回转顶尖	

（4）图样与工艺分析（表3-3）

表3-3 中间轴图样与工艺分析

项目	内容
图样分析	1. $\phi 32_{-0.025}^{0}$ mm 为基准外圆 2. 主要尺寸ϕ18mm、ϕ24mm 表面粗糙度均为 $Ra3.2\mu m$，ϕ32mm 表面粗糙度为 $Ra1.6\mu m$ 3. 外圆ϕ18mm 轴线对基准外圆同轴度为ϕ0.03mm
简单工艺分析	1. 因工件外圆ϕ32mm 与ϕ18mm 有同轴度要求，所以必须在一次装夹中车出，因而应采用一夹一顶的装夹方法车削 2. 中间轴的车削加工顺序：夹工件一端（找正夹紧）→车端面、钻中心孔→一夹一顶支承装夹→粗、精车ϕ32mm，ϕ18mm，ϕ25mm 外圆→倒角 $C1$、$C0.5$→调头夹ϕ25mm 外圆，车端面控制总长→粗、精车ϕ24mm 外圆→倒角 $C1$、$C0.5$

工件采用一夹一顶装夹工件时，卡爪夹持部分应短一些，以避免重复定位。

（5）切削参数的选择（表3-4）

表3-4 中间轴车削加工时的切削参数

参数	粗车	精车
背吃刀量 a_p/mm	视加工要求而定	0.2～0.3
进给量 f/（mm/r）	0.2～0.3	0.1～0.15
转速 n/（r/min）	400～600	750～800

2. 应用考核

（1）应用考核操作（表3-5）

表3-5 中间轴的车削加工

方法	说明	图示
车端面并钻中心孔	在自定心卡盘上夹住 $\phi35$mm 毛坯外圆，伸出长度 105mm 左右，找正、夹紧，用 90° 车刀车端面（车平即可），然后用 A3 中心钻钻中心孔	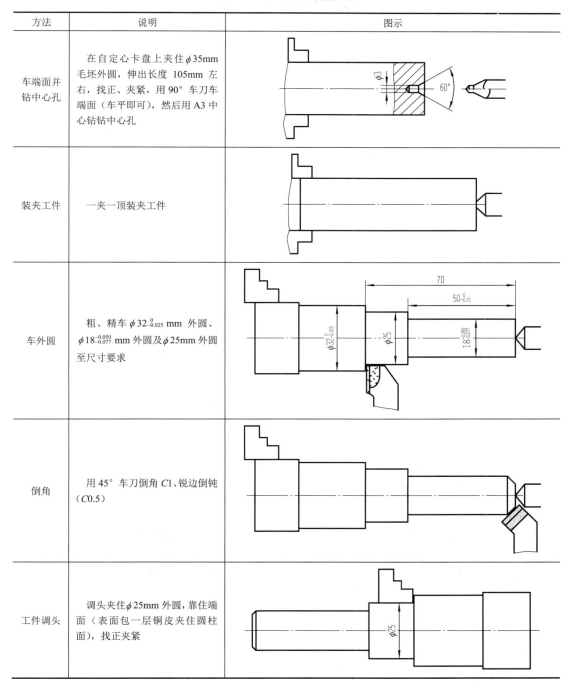
装夹工件	一夹一顶装夹工件	
车外圆	粗、精车 $\phi32_{-0.025}^{\ 0}$mm 外圆、$\phi18_{-0.077}^{-0.050}$mm 外圆及 $\phi25$mm 外圆至尺寸要求	
倒角	用 45° 车刀倒角 $C1$、锐边倒钝（$C0.5$）	
工件调头	调头夹住 $\phi25$mm 外圆，靠住端面（表面包一层铜皮夹住圆柱面），找正夹紧	

方法	说明	图示
控总长	车端面，控制总长度 120±0.18mm	
车外圆	粗、精车外圆 $\phi24_{-0.052}^{0}$ mm 及长度 $20_{-0.2}^{0}$ mm 至尺寸要求	
倒角	用 45° 车刀倒角 C1、锐边倒钝（C0.5）	

在车削工件时，应随时注意顶尖的松紧程度。其检查方法：开动车床使工件旋转，用右手拇指和食指捏住回转顶尖的转动部分，顶尖能停止转动；当松开手指后，顶尖能恢复转动。这说明顶尖的松紧程度适当，如图 3-2 所示。

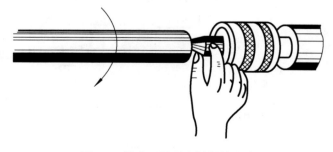

图 3-2 检查回转顶尖松紧的方法

（2）应用考核评价

检测评价标准见表3-6。

表 3-6　中间轴的检测评价标准

序号	项目	配分	要求	检测结果	实际得分
1	$\phi 32_{-0.025}^{0}$ mm	8 分	每超 0.01mm 扣 2 分，扣完为止		
2	$\phi 18_{-0.077}^{-0.050}$ mm	8 分			
3	$\phi 25$mm	5 分			
4	$\phi 24_{-0.052}^{0}$ mm	8 分			
5	120 ± 0.18mm	7 分	超差不得分		
6	$50_{-0.25}^{0}$ mm	7 分			
7	70mm	5 分			
8	$20_{-0.2}^{0}$ mm	7 分			
9	同轴度$\phi 0.03$mm	10 分			
10	C1（2 处） C0.5（3 处）	1 分×5	不合格不得分		
11	Ra 1.6μm（1 处） Ra 3.2μm（5 处）	5 分×6			
12	安全文明生产		1. 正确执行安全技术操作规程 2. 按企业有关文明生产规定，做到工件场地的整洁，工具、量具、刀具摆放整齐 3. 操作动作规范、协调、安全 4. 严重违反规程，视情节扣 10～50 分，直至取消考核操作资格		
本例工件定额时间：70min（每超时 5min 扣 5 分，超时 15min 结束考核）				总分	
开始时间		结束时间		检验（签名）	

3.2 车削机床刻度环

机床刻度环的车削图样如图 3-3 所示。

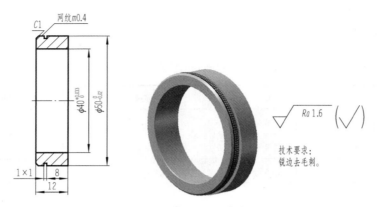

图 3-3　机床刻度环的车削图样

1．工艺准备

（1）总体要求

1）本考核内容分值：100 分。

2）考核时间：40min。

（2）材料准备（表 3-7）

表 3-7　材料准备

材料名称	规格	数量
45 钢	$\phi 52mm \times 20mm$	1

（3）设备与刀具、量具、工具准备（表 3-8）

表 3-8　设备与刀具、量具、工具准备

项目	内容		备注
	名称	规格	
设备	车床	CA6140 型卧式车床	
刀具	外圆车刀	90°焊接车刀	
		45°焊接车刀	
	切槽刀	外沟槽刀，刀宽 1mm	
		端面切槽	
	内孔车刀	通孔车刀	
	滚花刀	m0.4	
量具	游标卡尺	0～125mm	
	千分尺	25～50mm	
	百分表	内径百分表	
工具	卡盘扳手	45 钢制作，四方头部高频淬火	
	刀架扳手	45 钢制作，头部内四方孔	
	机油	30 号	
	油枪和棉纱	高压机油枪	
夹具	卡盘	自定心卡盘	

（4）图样与工艺分析（表 3-9）

表 3-9 机床刻度环图样与工艺分析

项目	内容
图样分析	1. 刻度环主要径向尺寸有 $\phi40mm$、$\phi50mm$，其加工精度分别为 $^{+0.033}_{0}$、$^{0}_{-0.02}$；轴向尺寸有 12mm、8mm；沟槽宽为 1mm，深 1mm 2. 工件一端要求滚花（网纹 $m0.4$），并倒角 $C1$，工件锐边只能去毛刺
简单工艺分析	1. 因工件壁厚较薄，所以应先加工外形再精车内孔，且车削内孔时夹紧力不能过大 2. 刻度环的车削加工顺序：夹工件一端（找正夹紧）→套料→以内孔定位，反向装夹，车端面→粗、精车 $\phi50mm$ 外圆→调头反向装夹控制总长 12mm，并倒角 $C1$→切槽→滚花→精车内孔

（5）切削参数的选择（表 3-10）

表 3-10 机床刻度环车削加工时的切削参数

参数	粗车			精车	
	外圆	内孔	套料	外圆	内孔
背吃刀量 a_p/mm	视加工要求而定		5	0.4～0.8	0.08～0.15
进给量 f/（mm/r）	0.2～0.3	0.1～0.15	0.15	0.1～0.15	0.05～0.1
转速 n/（r/min）	400～480	350 左右		750～800	600 左右

2. 应用考核

（1）应用考核操作（表 3-11）

表 3-11 机床刻度环的车削加工

方法	说明	图示
套料	夹工件一端，找正、夹紧，用端面沟槽套料，保证孔径 $\phi41mm$	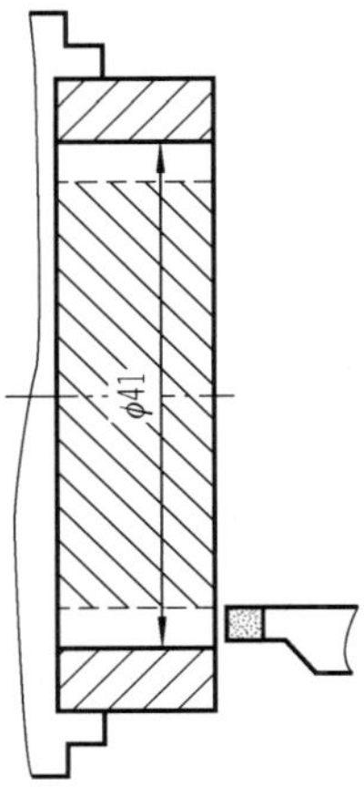

方法	说明	图示
车外圆	以内孔定位，用三爪支撑内孔装夹，用 90°车刀车端面（车白即可），再粗、精车外圆 $\phi50_{-0.02}^{0}$ mm 至尺寸要求	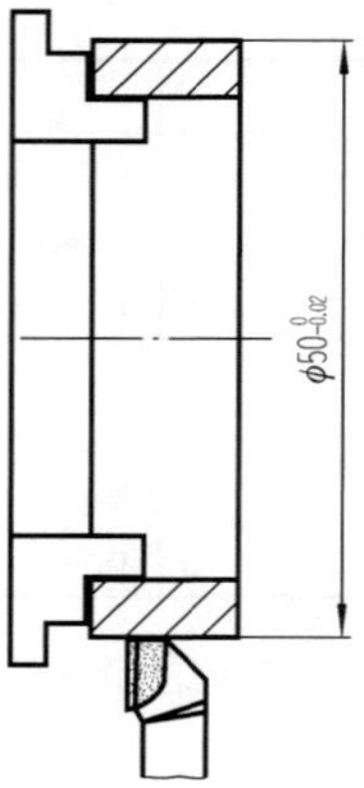
控总长	采用上述同样的装夹方法，用 45°车刀车端面，控总长 12mm，并倒角 C1	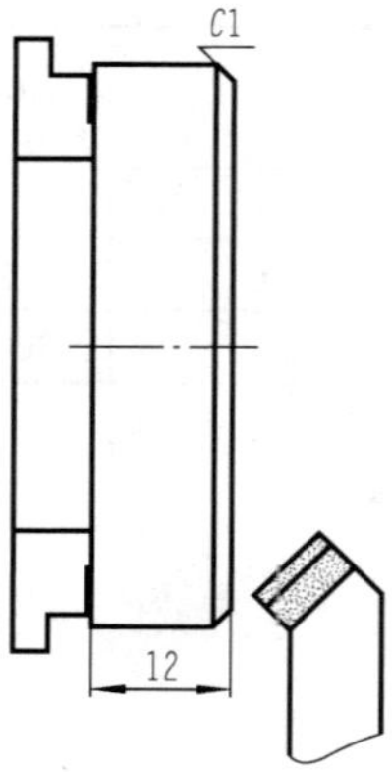
切外沟槽	换刀宽 1mm 的切槽刀切外沟槽 1mm×1mm 至尺寸要求	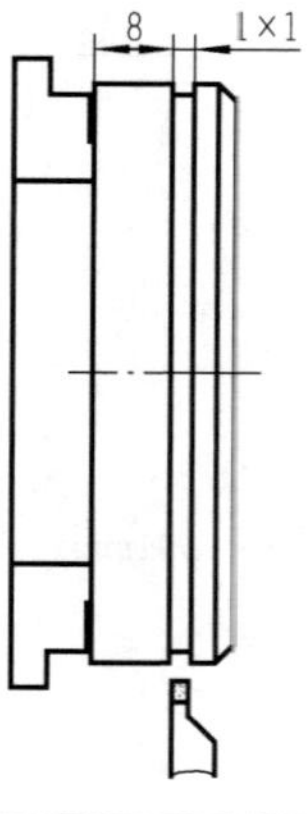

续表

方法	说明	图示
滚花	换模数 $m=0.4$ 的滚花刀滚花	
车内孔	三爪轻夹 $\phi 50_{-0.02}^{0}$ mm 外圆，用内孔车刀粗、精车内孔 $\phi 40_{0}^{+0.033}$ mm 至尺寸要求	

刻度环在采用正爪装夹精车内孔时不能夹得过紧，否则会产生等直径变形而造成废品，如图 3-4 所示。

（a）车孔情况

（b）等直径变形

图 3-4　工件的等直径变形

（2）应用考核评价

检测评价标准见表 3-12。

表 3-12　机床刻度环的检测评价标准

序号	项目	配分	要求	检测结果	实际得分
1	$\phi 50_{-0.02}^{0}$ mm	15 分	每超 0.01mm 扣 5 分，扣完为止		
2	$\phi 40_{0}^{+0.033}$ mm	20 分			
3	12mm	15 分	每超 0.1mm 扣 7 分，扣完为止		
4	8mm	15 分			
5	1×1	5 分	不合格不得分		
6	C1	3 分			
7	滚花 m0.4	15 分			
8	Ra 1.6μm	12 分			
9	安全文明生产		1. 工具、量具、刀具、图样的摆放要正确有序 2. 操作要注意要求（动作规范、协调） 3. 严重违反规程，视情节扣 10～50 分，直至取消考核操作资格		
本例工件定额时间：40min（每超时 1min 扣 5 分，超时 12min 结束考核）				总分	
开始时间		结束时间		检验（签名）	

3.3　车削 V 带轮

V 带轮的车削图样如图 3-5 所示。

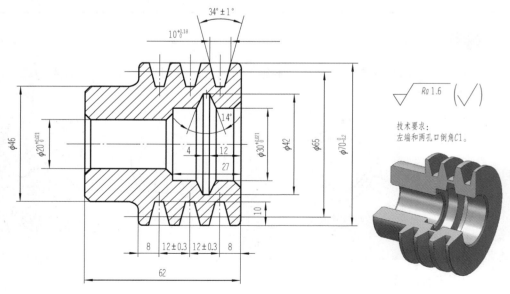

图 3-5　V 带轮的车削图样

1．工艺准备

（1）总体要求

1）本考核内容分值：100 分。

2）考核时间：150min。

（2）材料准备（表 3-13）

表 3-13　材料准备

材料名称	规格	数量
45 钢	$\phi 70mm \times 65mm$	1

（3）设备与刀具、量具、工具准备（表 3-14）

表 3-14　设备与刀具、量具、工具准备

项目	内容		备注
	名称	规格	
设备	车床	CA6140 型卧式车床	
刀具	麻花钻	$\phi 18mm$	
	外圆车刀	90°焊接车刀	
		45°焊接车刀	
	切刀	外沟槽直槽刀，刀宽 3.8mm	
		34°外沟槽成形切刀	
		14°内沟槽成形切刀	
	车孔刀	通孔车刀	
		不通孔车刀	
量具	游标卡尺	0～125mm	
	千分尺	外径千分尺 50～75mm	
		内测千分尺 5～30mm	
工具	卡盘扳手	45 钢制作，四方头部高频淬火	
	刀架扳手	45 钢制作，头部内四方孔	
	机油	30 号	
	油枪和棉纱	高压机油枪	
夹具	卡盘	自定心卡盘	

（4）图样与工艺分析（表 3-15）

表 3-15　V 带轮图样与工艺分析

项目	内容
图样分析	1．V 带轮主要尺寸有 $\phi 46mm$、$\phi 20^{+0.021}_{0}$ mm、$\phi 30^{+0.021}_{0}$ mm、$\phi 70^{0}_{-0.2}$ mm、62mm、8mm（2 处）、12±0.3mm（2 处）、$10^{+0.18}_{0}$ mm、10mm、27mm、带轮夹角 34°、14°内沟槽 4×$\phi 42$mm 　　2．V 带轮各尺寸加工精度要求较高，其表面粗糙度 $Ra1.6\mu m$，左端和孔口要求倒角 C1，其余为去毛刺（C0.2）

续表

项目	内容
简单工艺分析	1. V带轮有带轮槽（34°）角和内梯形槽（14°），车削时应采用成形切刀进行加工 2. V带轮的车削加工顺序：车端面→粗车ϕ46mm 外圆→粗控总长→粗车带轮外径→钻孔→扩孔→车直槽→车梯形槽→精车带轮外径→精车内孔→车内沟槽→控总长→精车ϕ46mm 外圆→倒角

（5）切削参数的选择（表 3-16）

表 3-16　V 带轮车削加工时的切削参数

参数	粗车	精车
背吃刀量 a_p/mm	视加工要求而定	0.2～0.3
进给量 f/（mm/r）	0.2～0.3	0.1～0.15
转速 n/（r/min）	350～480	750～800

2. 应用考核

（1）应用考核操作（表 3-17）

表 3-17　V 带轮的车削加工

方法	说明	图示
车端面	夹工件一端长 30mm 左右，找正、夹紧，车端面，车平即可	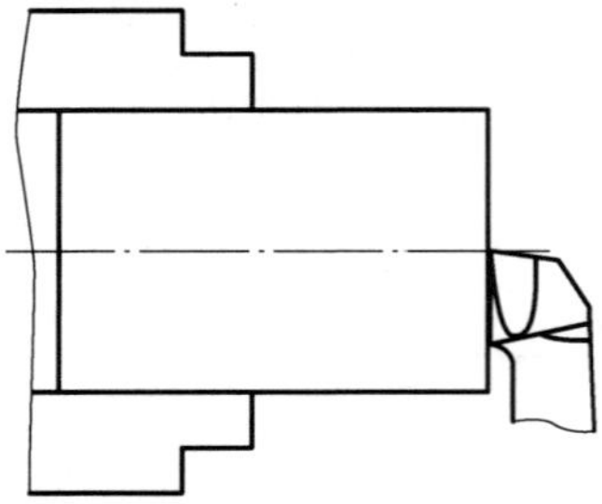
粗车ϕ46mm 外圆	粗车ϕ46mm 外圆至ϕ47mm，长度为 21mm	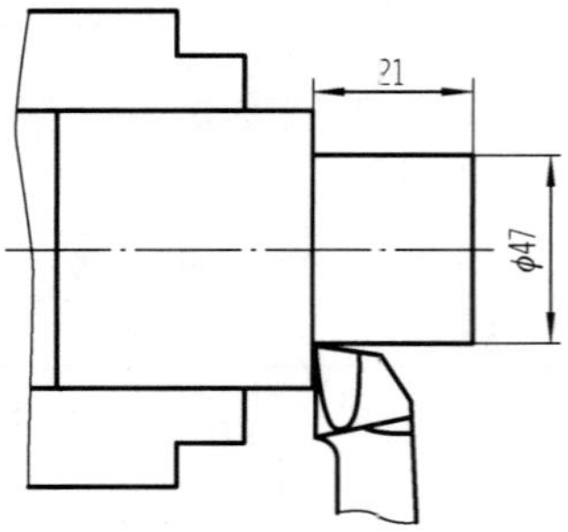

续表

方法	说明	图示
粗控总长	调头夹ϕ47mm 外圆，找正、夹紧，车端面，粗控总长至 63mm	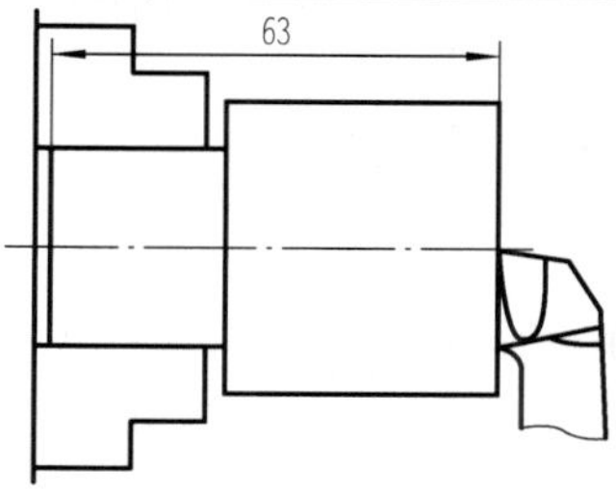
粗车带轮外圆	粗车带轮外圆为$\phi70^{+0.1}_{0}$mm	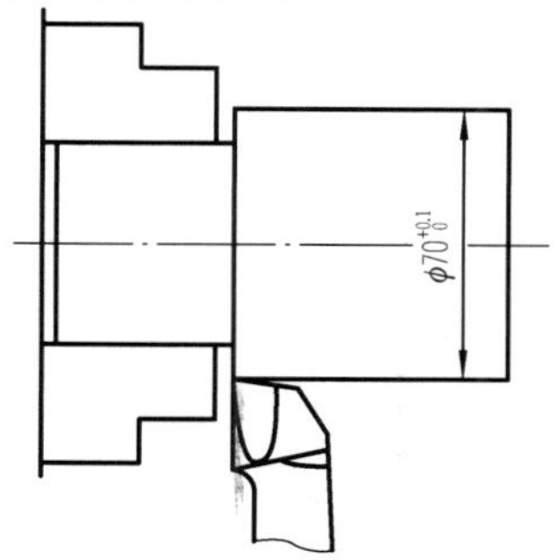
钻孔	用麻花钻钻底孔ϕ18mm	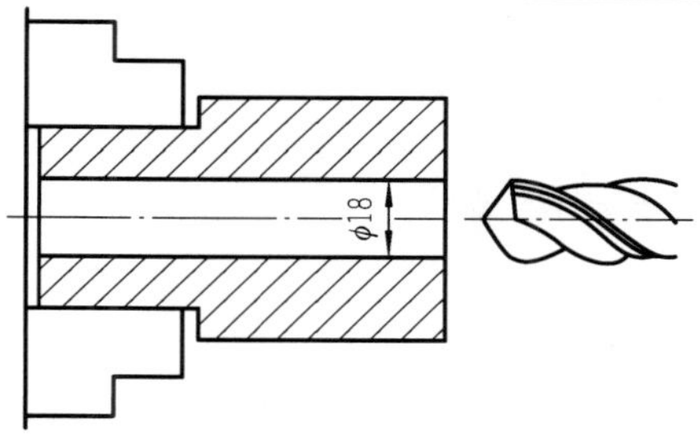
扩孔	粗车内孔至ϕ29mm，深 26mm	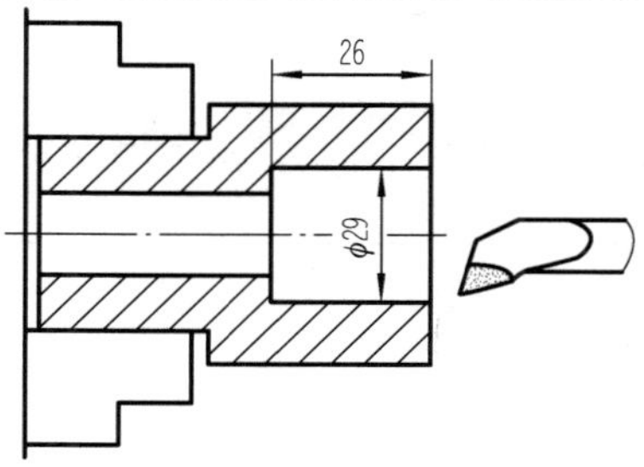
车直槽	在$\phi70^{+0.1}_{0}$mm 外圆上涂色，划出梯形沟槽中心线痕，并控制槽距，然后用刀宽 3.8mm 的切刀车出直槽	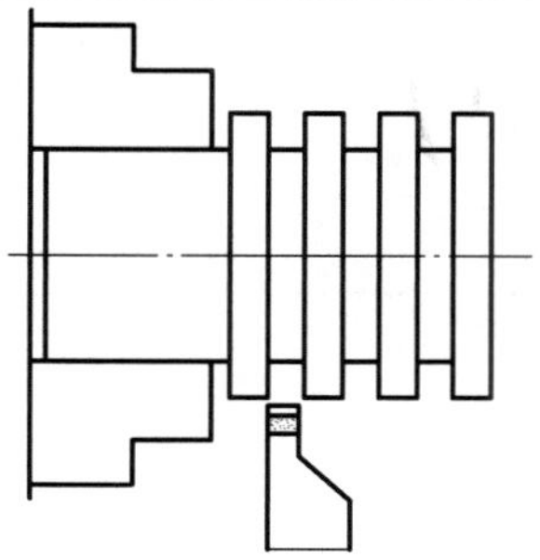

方法	说明	图示
车梯形槽	用 34°外沟槽成形切刀车削梯形槽至图样尺寸要求	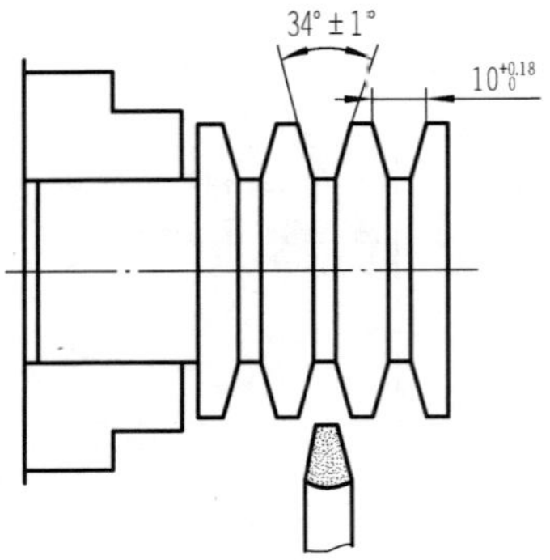
精车带轮外径	精车带轮外径 $\phi 70_{-0.2}^{0}$ mm，倒角 $C1$	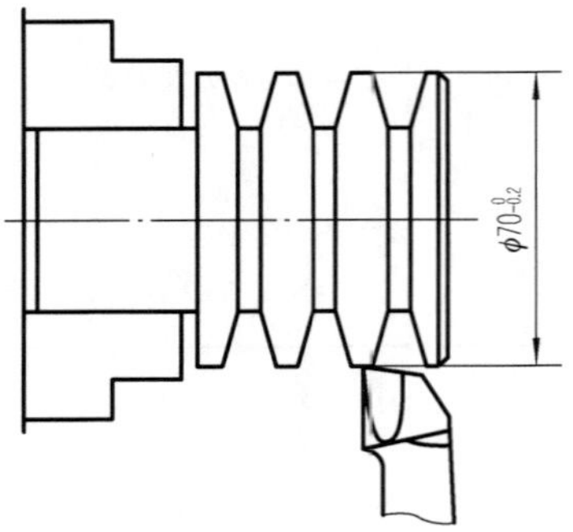
精车内孔	精车内孔 $\phi 20_{0}^{+0.021}$ mm 和 $\phi 30_{0}^{+0.021}$ mm，深 27mm	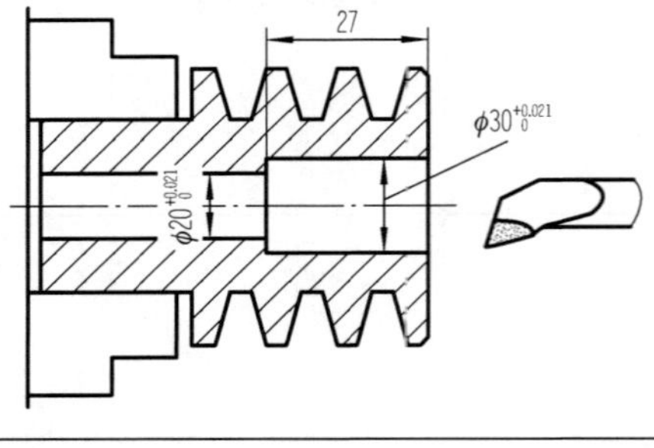
车内沟槽	用内沟槽成形刀一次车出内梯形槽至图样要求，台阶孔和孔口倒角 $C1$	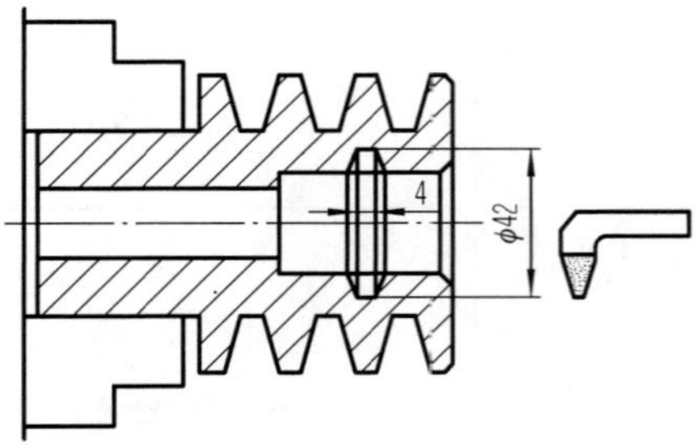

续表

方法	说明	图示
控总长	调头，垫铜皮夹 $\phi 70^{+0.1}_{0}$ mm 外圆处，找正、夹紧，精车端面，控总长 62mm	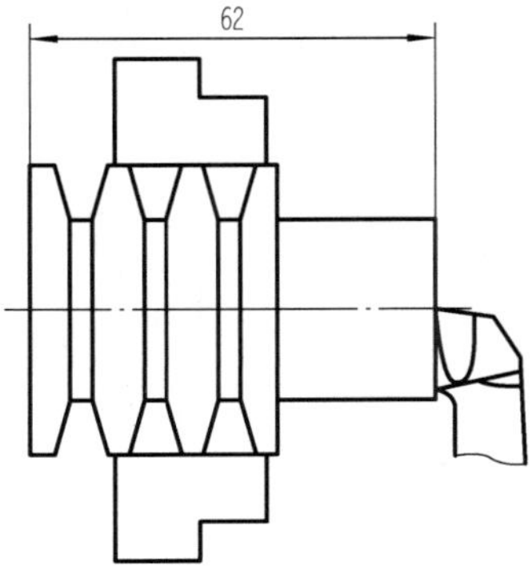
精车 $\phi 46$mm 外圆	精车 $\phi 46$mm 外圆，并控制台阶长度 22mm	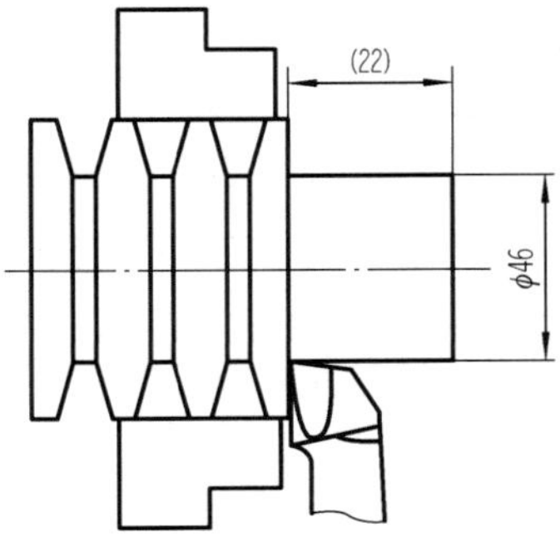
倒角	$\phi 20^{+0.021}_{0}$ mm 孔口和 $\phi 46$mm 外圆与台阶处倒角 $C1$	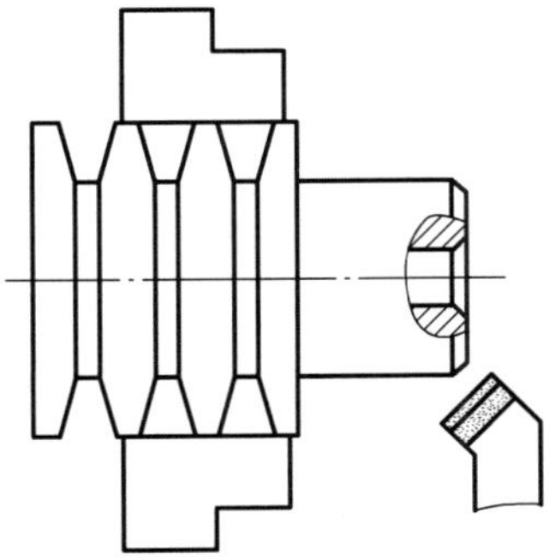

（2）应用考核评价

检测评价标准见表 3-18。

表 3-18 V 带轮检测评价标准

序号	项目	配分	要求	检测结果	实际得分
1	$\phi 46$mm	5 分	每超 0.01mm 扣 3 分，扣完为止		
2	$\phi 20^{+0.021}_{0}$ mm	8 分			
3	$\phi 30^{+0.021}_{0}$ mm	8 分			
4	$\phi 70^{0}_{-0.2}$ mm	5 分			
5	62mm	5 分	每超 0.1mm 扣 2 分，扣完为止		

续表

序号	项目	配分	要求	检测结果	实际得分
6	8mm（2 处）	2 分×2	每超 0.1mm 扣 2 分，扣完为止		
7	12±0.3（2 处）	5 分×2			
8	$10^{+0.18}_{0}$ mm	5 分			
9	10mm	4 分			
10	27mm	5 分			
11	带轮夹角 34°	8 分	不合格不得分		
12	14°	6 分			
13	内沟槽 4×ϕ42mm	5 分			
14	C1（3 处）	2 分			
15	Ra 1.6μm	20 分			
16	安全文明生产		1. 工具、量具、刀具、图样的摆放要正确有序 2. 操作要注意要求（动作规范、协调） 3. 严重违反规程，视情节扣 10～50 分，直至取消考核操作资格		
本例工件定额时间：150min（每超时 5min 扣 5 分，超时 25min 结束考核）				总分	
开始时间		结束时间		检验（签名）	

3.4 车削车摇手柄

车摇手柄的车削图样如图 3-6 所示。

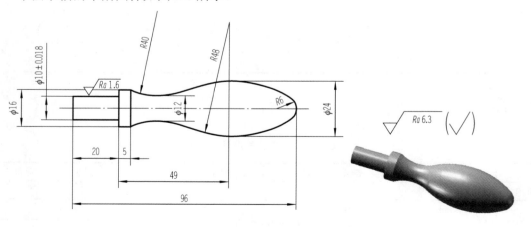

图 3-6 车摇手柄的车削图样

1. 工艺准备

（1）总体要求

1）本考核内容分值：100 分。

2）考核时间：50min。

（2）材料准备（表 3-19）

表 3-19 材料准备

材料名称	规格	数量
45 钢	ϕ25mm×135mm	1

（3）设备与刀具、量具、工具准备（表 3-20）

表 3-20 设备与刀具、量具、工具准备

项目	内容		备注
	名称	规格	
设备	车床	CA6140 型卧式车床	
刀具	外圆车刀	90° 焊接车刀	
		45° 焊接车刀	
	成形刀具	圆弧车刀	
量具	游标卡尺	0～125mm	
	千分尺	25～50mm	
工具	卡盘扳手	45 钢制作，四方头部高频淬火	
	刀架扳手	45 钢制作，头部内四方孔	
	机油	30 号	
	油枪和棉纱	高压机油枪	
夹具	卡盘	自定心卡盘	

（4）图样与工艺分析（表 3-21）

表 3-21 车摇手柄图样与工艺分析

项目	内容
图样分析	1. 手柄主要尺寸有ϕ16mm、ϕ10mm、ϕ12mm、ϕ24mm、96mm、49mm、20mm、5mm、R40、R48、R6，除ϕ10mm 有精度±0.018 要求外，其余各部尺寸精度要求均不高 2. 手柄柄部表面粗糙度为 Ra1.6μm，其余各部均为 Ra6.3μm
简单工艺分析	1. 圆弧 R40、R48、R6 过渡连接要求光整、圆滑 2. 车摇手柄的车削加工顺序：钻中心孔→粗车各级外圆→车定位槽→车削 R40 圆弧面→车削 R48 圆弧面→精车外圆→车 R6 圆弧面并切下工件→修整 R6 圆弧面

（5）切削参数的选择（表 3-22）

表 3-22　车摇手柄车削加工时的切削参数

参数	外圆车削	圆弧面车削
背吃刀量 a_p/mm	视加工要求而定	手动
进给量 f/（mm/r）	0.2～0.3	手动（按速率要求选用）
转速 n/（r/min）	350～480	650 左右

2. 应用考核

（1）应用考核操作（表 3-23）

表 3-23　车摇手柄的车削加工

方法	说明	图示
钻中心孔	夹住毛坯工件外圆一端，伸出长度 30mm 左右，车平端面，钻中心孔	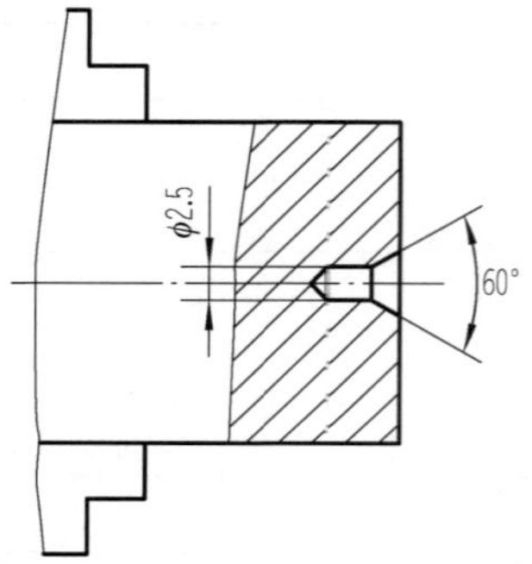
车外圆	一夹一顶装夹工件，伸出长度约 110mm，粗车外圆 ϕ24mm，长度 100mm；ϕ16mm，长度 45mm；ϕ10mm，长度 20mm，各处均留精车余量约 0.1mm	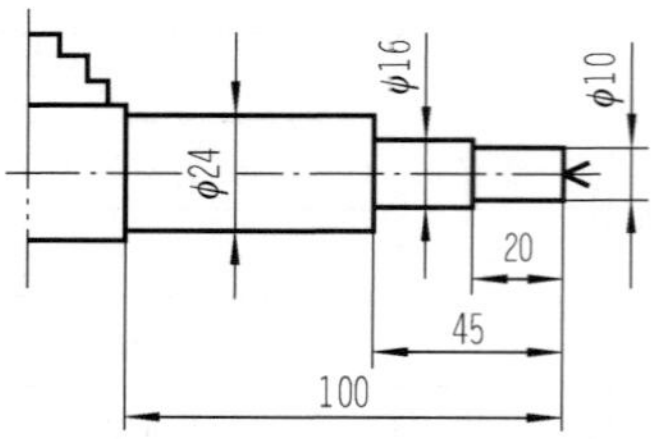
车定位槽	从 ϕ16mm 外圆的端面量起，长度 17.5mm 处为中心线，用小圆头车刀车出 ϕ12.5mm 的定位槽	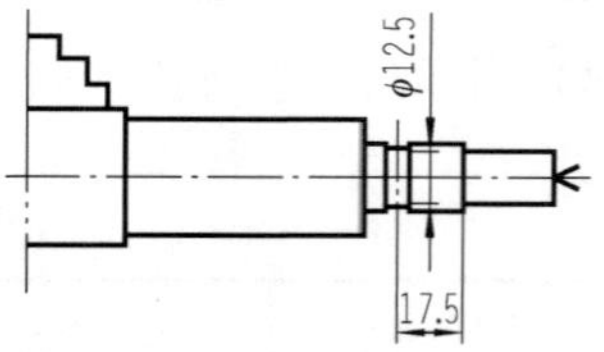
车削 R40 圆弧面	从 ϕ16mm 外圆的端面量起，在长度大于 5mm 处开始切削，向 ϕ12.5mm 的定位槽处移动车削 R40mm 圆弧面	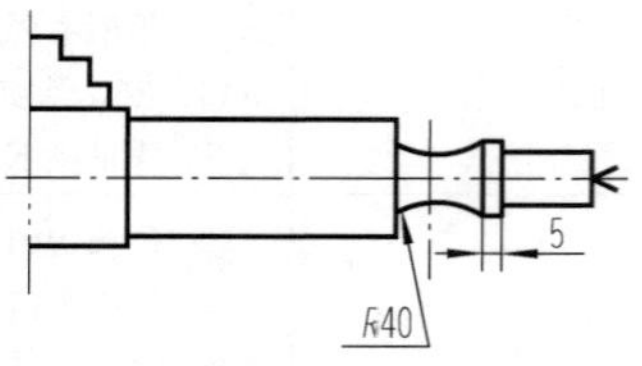

方法	说明	图示
车削 R48 圆弧面	从 ϕ16mm 外圆的端面量起，长度 49mm 处为中心线，在 ϕ24mm 的外圆上向左、向右方向车削 R48mm 圆弧面	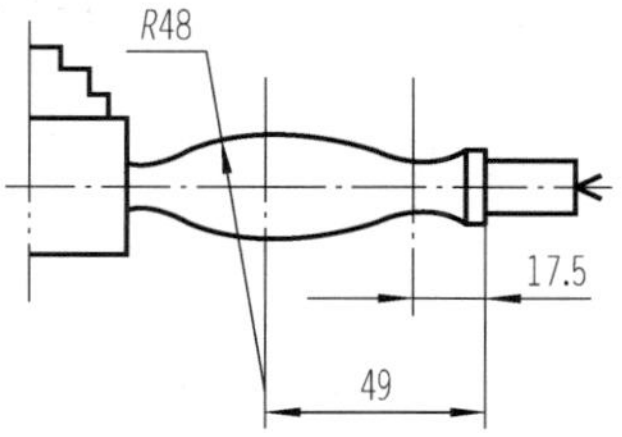
精车外圆	精车 ϕ10±0.018mm，长度 20mm 至尺寸要求，精车 ϕ16mm 外圆	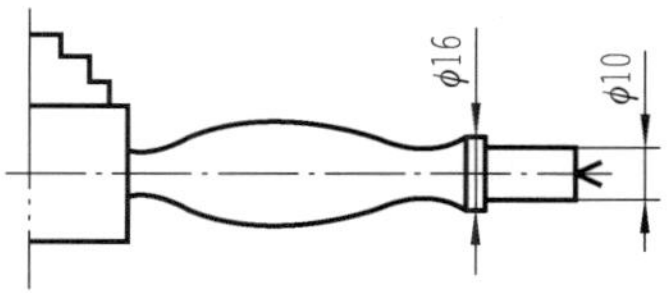
车 R6 圆弧面	松去顶尖，用圆头车刀车 R6mm 的圆弧面，并切下工件	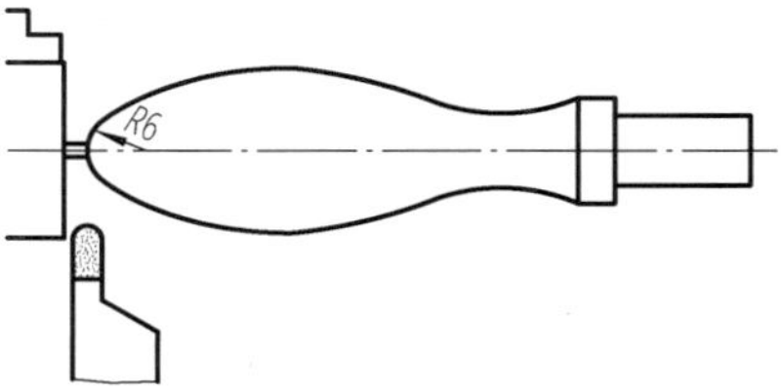
修整 R6 圆弧面	调头垫铜皮，夹 ϕ24mm 外圆，找正、夹紧，抛光修整 R6mm 圆弧面	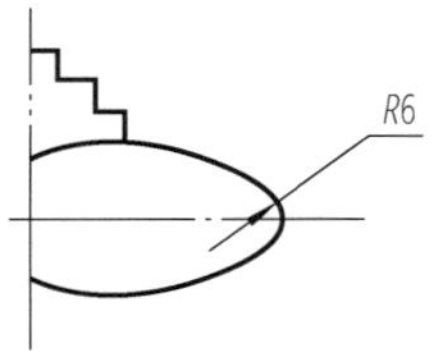

（2）应用考核评价

检测评价标准见表 3-24。

表 3-24　车摇手柄的检测评价标准

序号	项目	配分	要求	检测结果	实际得分
1	ϕ16mm	5 分	超差不得分		
2	ϕ10±0.018mm	8 分			
3	ϕ12mm	5 分			
4	ϕ24mm	5 分			
5	R40mm	9 分	不合格不得分		
6	R48mm	9 分			
7	R6mm	8 分			
8	96mm	8 分	超差不得分		
9	20mm	6 分			
10	49mm	4 分			
11	5mm	4 分			
12	Ra 1.6μm	5 分×5	不合格不得分		

续表

序号	项目	配分	要求	检测结杲	实际得分
13	*Ra* 6.3μm	2 分×2	不合格不得分		
14	安全文明生产		1. 工具、量具、刀具、图样的摆放要正确有序 2. 操作要注意要求（动作规范、协调） 3. 严重违反规程，视情节扣 10～50 分，直至取消考核操作资格		
本例工件定额时间：50min（每超时 1min 扣 5 分，超时 10min 结束考核）				总分	
开始时间		结束时间		检验（签名）	

3.5

车削砂轮卡盘体

砂轮卡盘体的车削图样如图 3-7 所示。

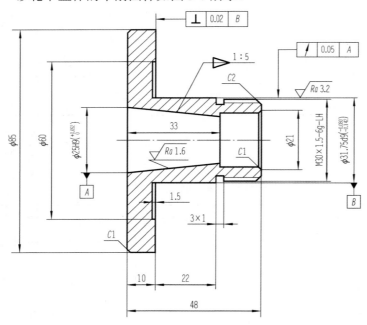

图 3-7 砂轮卡盘体的车削图样

1. 工艺准备

（1）总体要求

1）本考核内容分值：100 分。

2）考核时间：120min。

（2）材料准备（表 3-25）。

表 3-25 材料准备

材料名称	规格	数量
HT200	铸件（图 3-8）	1

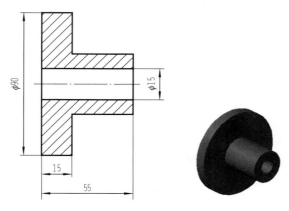

图 3-8 砂轮壳体铸件毛坯

（3）设备与刀具、量具、工具准备（表 3-26）

表 3-26 设备与刀具、量具、工具准备

项目	内容		备注
	名称	规格	
设备	车床	CA6140 型卧式车床	
刀具	外圆车刀	90°焊接车刀	
		45°焊接车刀	
	切槽刀	端面沟槽刀	
		外沟槽刀（刀宽 3mm）	
	螺纹车刀	60°外螺纹车刀	
	车孔刀	通孔车刀	
量具	游标卡尺	0～125mm	
	千分尺	25～50mm	
	螺纹环规	M30×1.5	
	校验棒	锥度校验棒	
工具	卡盘扳手	45 钢制作，四方头部高频淬火	
	刀架扳手	45 钢制作，头部内四方孔	
	机油	30 号	
	油枪和棉纱	高压机油枪	
夹具	卡盘	自定心卡盘	

（4）图样与工艺分析（表 3-27）

表 3-27　砂轮卡盘体图样与工艺分析

项目	内容
图样分析	1. 基准圆锥孔锥度 C=1：5，最大圆锥直径为 ϕ25H9（ $^{+0.052}_{0}$ ） 2. 外圆 ϕ31.75d9（ $^{-0.080}_{-0.142}$ ）对圆锥孔轴线的径向跳动公差为 0.05mm 3. 外圆 ϕ85mm 右端面对外圆 ϕ31.75d9 轴线的垂直度要求不大于 0.02mm 4. 外螺纹 M30 为左旋螺纹，螺距 1.5mm
简单工艺分析	1. 为保证端面与外圆的垂直度，应采用在一次装夹中车削加工完成 2. 要以外圆为定位基准车削圆锥孔 3. 由于工件为铸件，在车削螺纹时背吃刀量不能过大，且螺纹车削其大径应车至 ϕ30$^{-0.15}_{-0.33}$ mm 4. 砂轮卡盘体的车削加工顺序：车端面→车 ϕ85mm 外圆→调头，车端面，控总长→车中间外圆→车端面平槽→车螺纹大径→车退刀槽→倒角→车内孔→车锥孔小径→车螺纹→车内锥

（5）切削参数的选择（表 3-28）

表 3-28　砂轮卡盘体车削加工时的切削参数

参数	外圆		切槽	螺纹
	粗车	精车		
背吃刀量 a_p/mm	视加工要求而定	0.2～0.3	3	视加工要求而定
进给量 f/（mm/r）	0.2～0.3	0.1～0.15	手动	1.5
转速 n/（r/min）	350～480	750～800	400	400

2.　应用考核

（1）应用考核操作（表 3-29）

表 3-29　砂轮卡盘体的车削加工

方法	说明	图示
车端面	装夹、找正工件，车端面	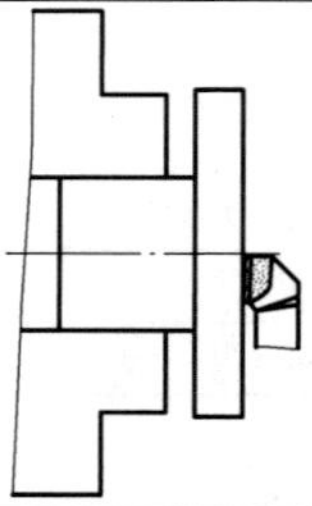
车 ϕ85mm 外圆	粗、精车 ϕ85mm 外圆至尺寸要求并倒角 $C1$	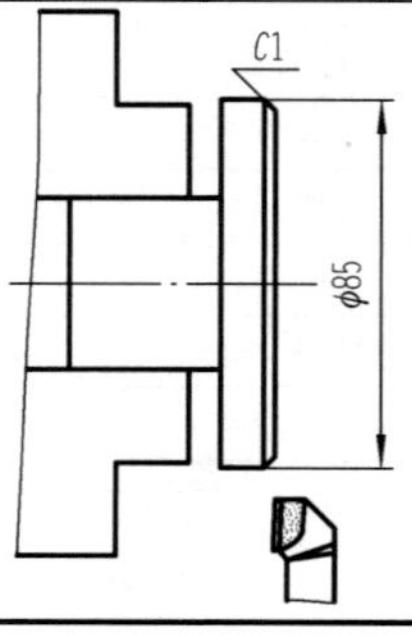

续表

方法	说明	图示
车端面，控总长	调头，用软卡爪夹住外圆 ϕ85mm，找正，车端面，控总长 48mm	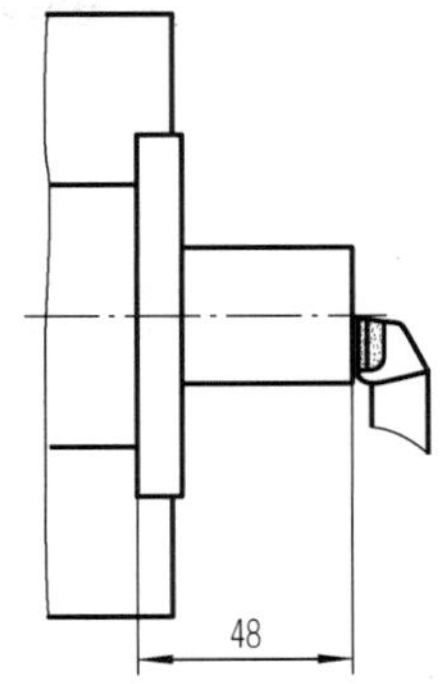 48
车中间外圆	粗、精车外圆 ϕ31.75d9 $\left(^{-0.080}_{-0.142}\right)$ 至尺寸要求，并控制 ϕ85mm 长度尺寸 10mm	10
车端面平槽	车端面平槽 1.5mm×60mm	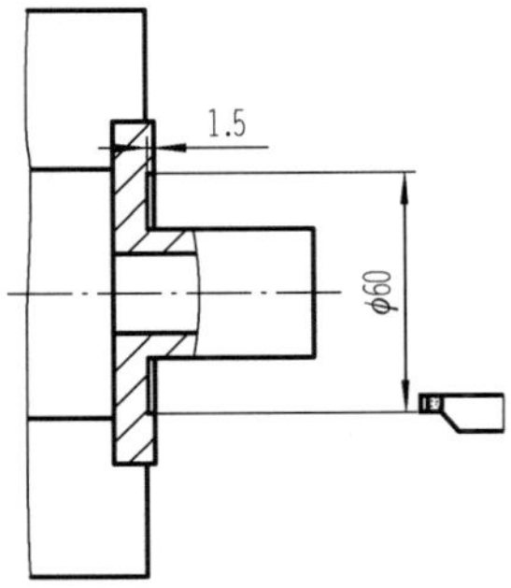 1.5 ϕ60
车螺纹大径	车螺纹大径至尺寸 $\phi30^{-0.15}_{-0.25}$ mm	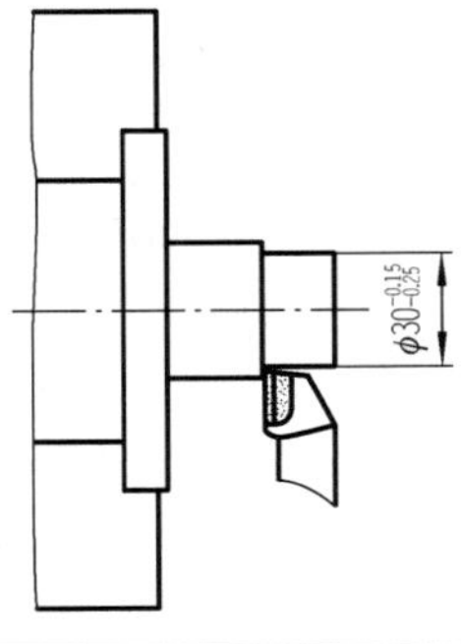

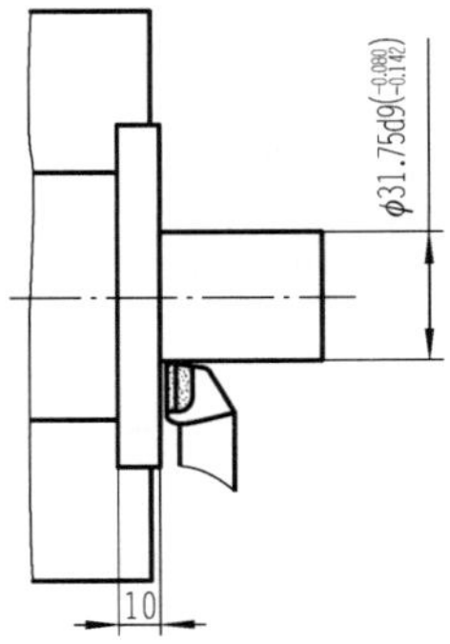

方法	说明	图示
车退刀槽	车退刀槽 3mm×1mm，同时控制 ϕ31.75d9 长度尺寸 22mm	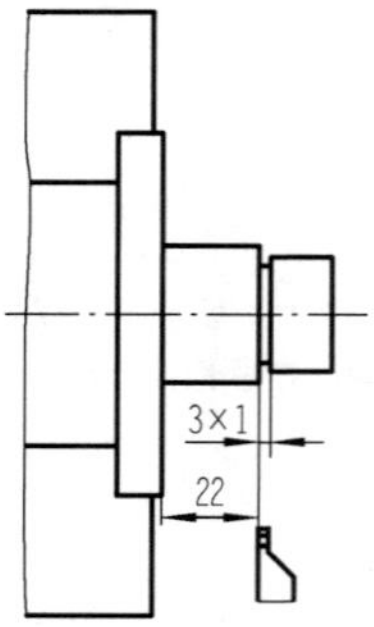
倒角	倒角 $C2$、锐边 $C0.5$	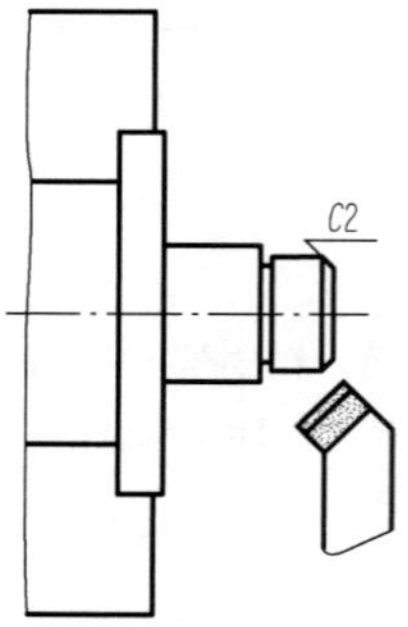
车内孔	车内孔 ϕ21mm 至尺寸要求，保证锥孔长度 33mm	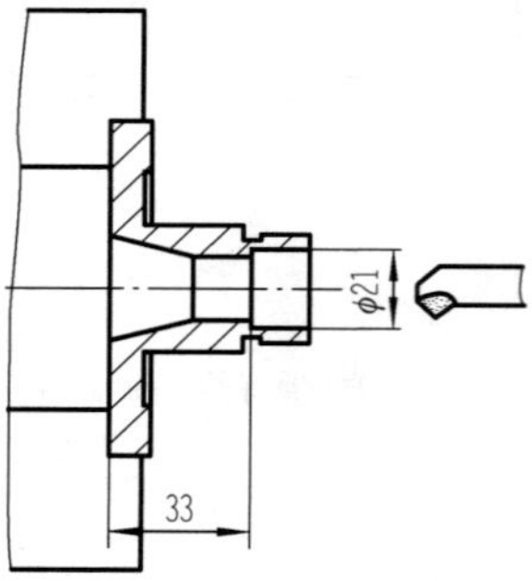
车锥孔小径	按圆锥孔最小圆锥直径 ϕ18.4mm 车通孔至 $\phi18^{\ 0}_{-0.2}$ mm，孔口倒角 $C1$	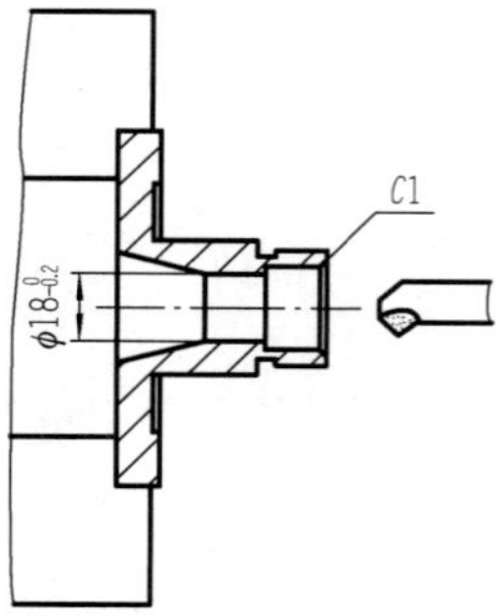

续表

方法	说明	图示
车螺纹	车左旋螺纹 M30×1.5。用螺纹规检测，合格后取下工件	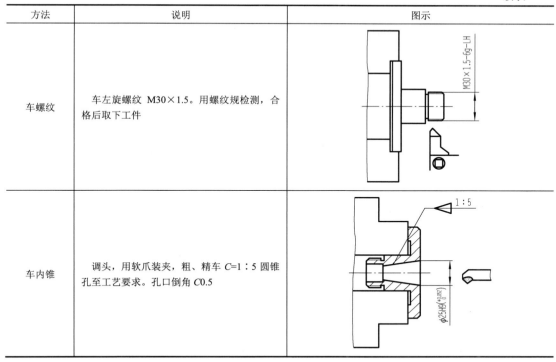
车内锥	调头，用软爪装夹，粗、精车 C=1∶5 圆锥孔至工艺要求。孔口倒角 C0.5	

（2）应用考核评价

检测评价标准见表 3-30。

表 3-30 砂轮卡盘体检测评价标准

序号	项目	配分	要求	检测结果	实际得分
1	ϕ85mm	4 分			
2	外径ϕ31.75d9	3 分			
3	ϕ60mm	5 分			
4	1∶5 内锥大端直径 ϕ25H9（$^{+0.052}_{0}$）	3 分			
5	ϕ21mm	7 分	超差不得分		
6	48mm	8 分			
7	10mm	4 分			
8	22mm	4 分			
9	1.5mm	1 分			
10	3×1mm	2 分			
11	1∶5 内锥	20 分	用锥度校验棒检测		
12	M30×1.5-6g-LH	12 分	用螺纹环规检测，通端不过或止端通过全扣		
13	⊥ 0.02 *B*	5.5 分	超差不得分		

续表

序号	项目			配分	要求	检测结果	实际得分
14		0.05	A	5 分	超差不得分		
15	C1（2 处）			0.5 分×5	不合格不得分		
	C0.5（3 处）						
16	Ra1.6（1 处，圆锥面）			2 分×7			
	Ra3.2（2 处）						
	Ra6.3						
17	安全文明生产			1．工具、量具、刀具、图样的摆放要正确有序 2．操作要注意要求（动作规范、协调） 3．严重违反规程，视情节扣 10～50 分，直至取消考核操作资格		
本例工件定额时间：120min（每超时 5min 扣 5 分，超时 15min 结束考核）						总分	
开始时间				结束时间		检验（签名）	

3.6 车削车床刀架轴

车床刀架轴的车削图样如图 3-9 所示。

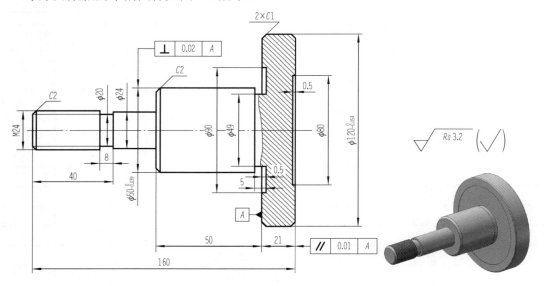

图 3-9　车床刀架轴的车削图样

1．工艺准备

（1）总体要求

1）本考核内容分值：100 分。

2）考核时间：150min。

（2）材料准备（表 3-31）

表 3-31 材料准备

材料名称	规格	数量
45 钢	棒料锻模成形（图 3-10）	1

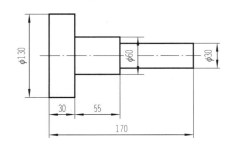

图 3-10 棒料锻模成形毛坯图样

（3）设备与刀具、量具、工具准备（表 3-32）

表 3-32 设备与刀具、量具、工具准备

项目	内容		备注
	名称	规格	
设备	车床	CA6140 型卧式车床	
刀具	中心钻	A2	
	外圆车刀	90°焊接车刀	
		45°焊接车刀	
	切刀	直沟槽刀，刀宽 5mm	
		端面沟槽刀，刀宽 5mm	
	螺纹车刀	60°外螺纹车刀	
量具	游标卡尺	0～125mm	
	千分尺	0～25mm	
	螺纹环规	M24	
工具	卡盘扳手	45 钢制作，四方头部高频淬火	
	刀架扳手	45 钢制作，头部内四方孔	
	机油	30 号	
	油枪和棉纱	高压机油枪	
夹具	卡盘	自定心卡盘	
	顶尖	回转顶尖	

（4）图样与工艺分析（表 3-33）

表 3-33　车床刀架轴图样与工艺分析

项目	内容
图样分析	1. 车床刀架轴主要尺寸有 ϕ20mm、ϕ24mm、ϕ50$_{-0.039}^{0}$ mm、ϕ49mm、ϕ120$_{-0.054}^{0}$ mm、40mm、8mm、50mm、21mm、160mm、0.5mm 2. 螺纹 M24 螺距为 $P=3$mm，大径加工时可小 0.2～0.3mm 3. 工件 ϕ50$_{-0.039}^{0}$ mm 外圆相对于 ϕ120mm 左侧有垂直度要求，其公差为 0.02mm；ϕ120mm 两侧平行度要求较高，公差为 0.01mm，因此在加工时要合理安排好装夹定位方法 4. 工件表面粗糙度 Ra3.2μm，各处要求倒角 C2 和 C0.5
简单工艺分析	1. 工件调头应采用反爪装夹定位，并一端支顶方式进行加工 2. 车床刀架轴的车削加工顺序：车端面→粗车大外圆→粗控总长→钻中心孔→粗车台阶外圆→车外沟槽→精车外圆→车螺纹→车轴肩直槽→精控总长→精车大外圆→车端面直沟槽

（5）切削参数的选择（表 3-34）

表 3-34　车床刀架轴车削加工时的切削参数

参数	外圆		切槽（断）	螺纹
	粗车	精车		
背吃刀量 a_p/mm	视加工要求而定	0.2～0.3	3	视加工要求而定
进给量 f/（mm/r）	0.2～0.3	0.1～0.15	手动	3
转速 n/（r/min）	350～480	750～800	400	400

2. 应用考核

（1）应用考核操作（表 3-35）

表 3-35　车床刀架轴的车削

方法	说明	图示
车端面	夹毛坯中间外圆，车端面至大外圆长度为 25mm	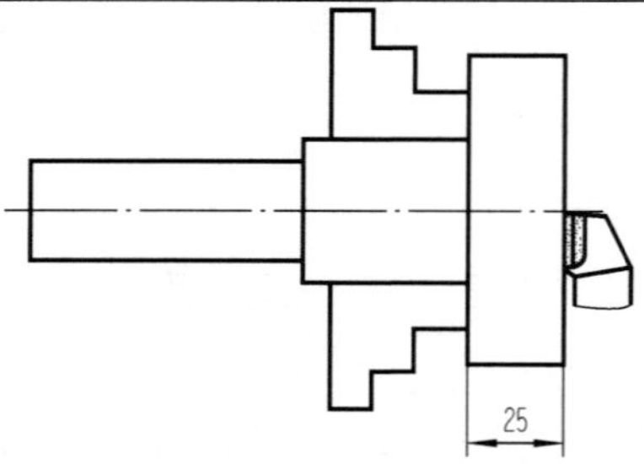
粗车大外圆	粗车大外圆至 ϕ122mm	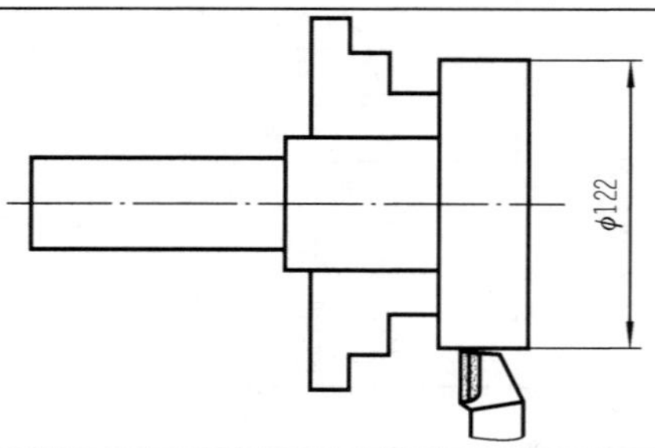

续表

方法	说明	图示
粗控总长	调头用反爪夹 ϕ122mm 外圆，车端面，粗控总长至 161mm	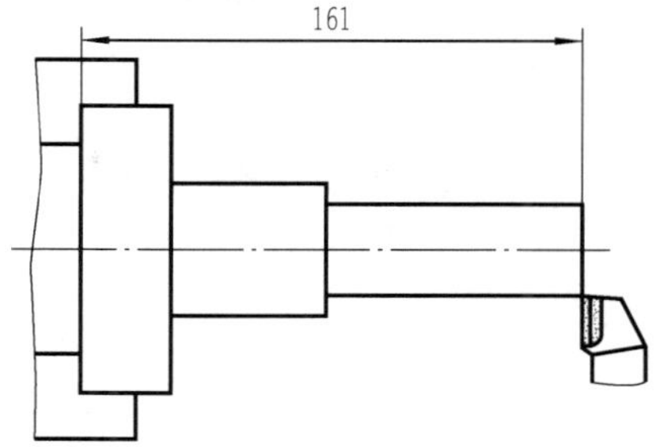
钻中心孔	用 A2 中心钻钻中心孔，深 6.5mm	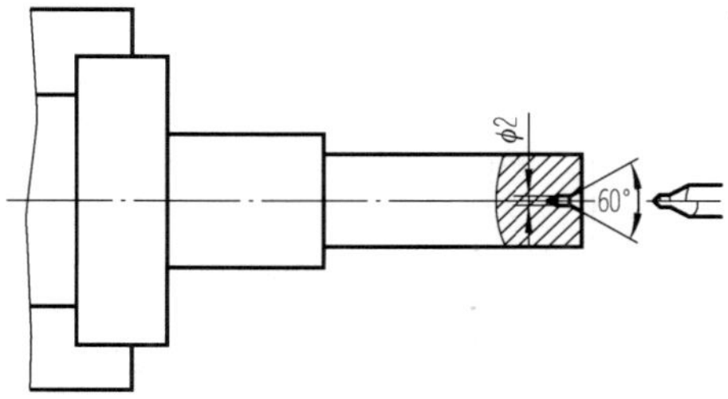
粗车台阶外圆	一夹一顶装夹，粗车两台阶外圆分别至 ϕ51mm 和 ϕ25mm，长为 50mm 和 88mm	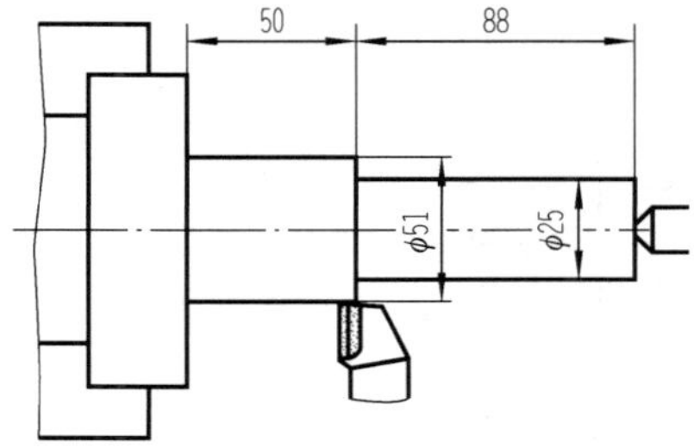
车外沟槽	用切刀车两外沟槽至尺寸要求	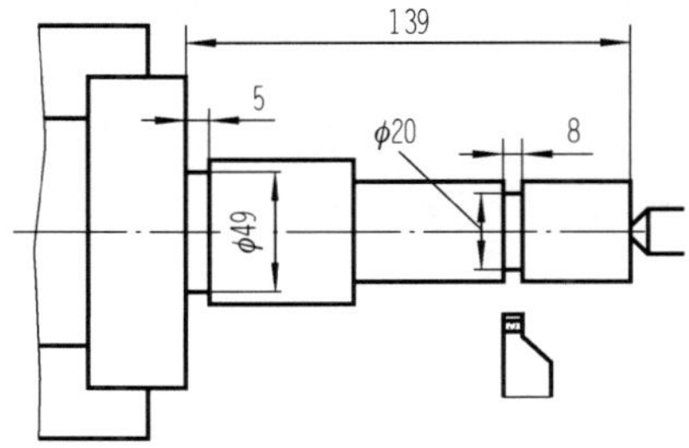
精车外圆	精车两台阶外圆至 $\phi50_{-0.039}^{0}$ mm 和 ϕ24mm，长 50mm 和 89mm，将螺纹大径精车至 $\phi24_{-0.3}^{-0.1}$ mm，并倒角 C2	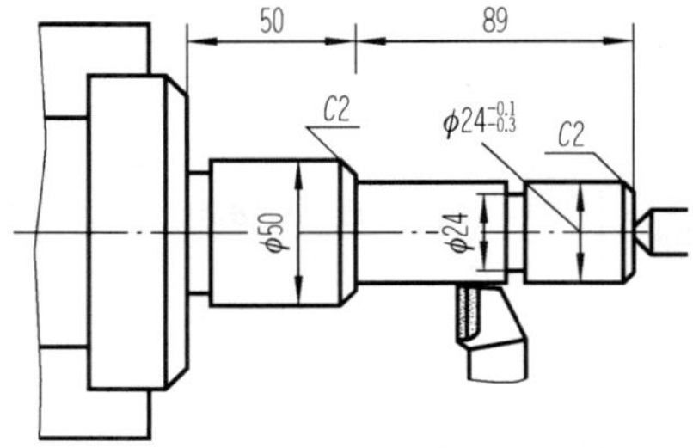

方法	说明	图示
车螺纹	车螺纹 M24（$P=3$mm）至尺寸要求（用螺纹环规检查）	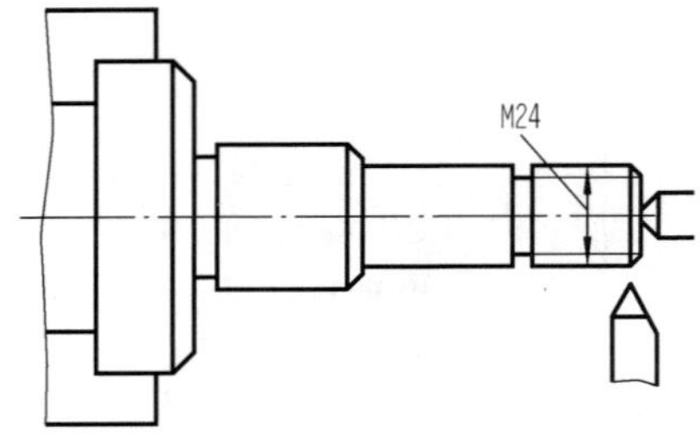
车轴肩直槽	卸去顶尖支承，车轴肩槽 $0.5 \times \phi 90$mm 至尺寸要求	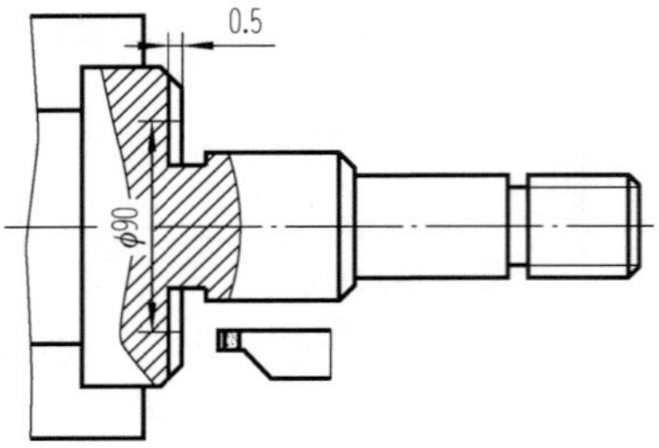
精控总长	调头垫铜皮，夹 $\phi 50_{-0.039}^{0}$ mm 外圆，找正夹紧，车端面，控总长 160mm，注意保持 ϕ120mm 长度 21mm	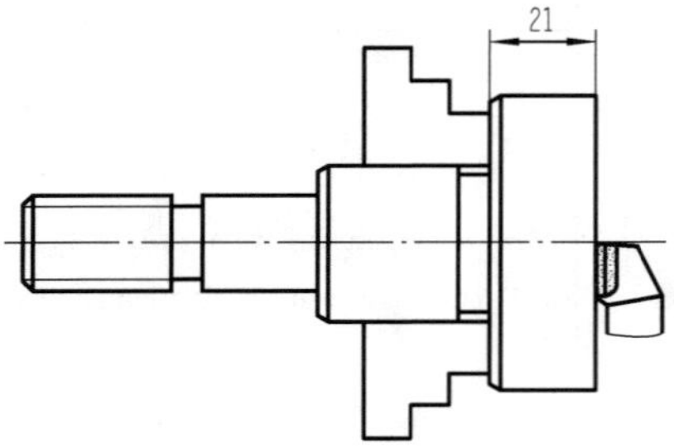
精车大外圆	精车大外圆 $\phi 120_{-0.054}^{0}$ mm 至尺寸要求，并倒角	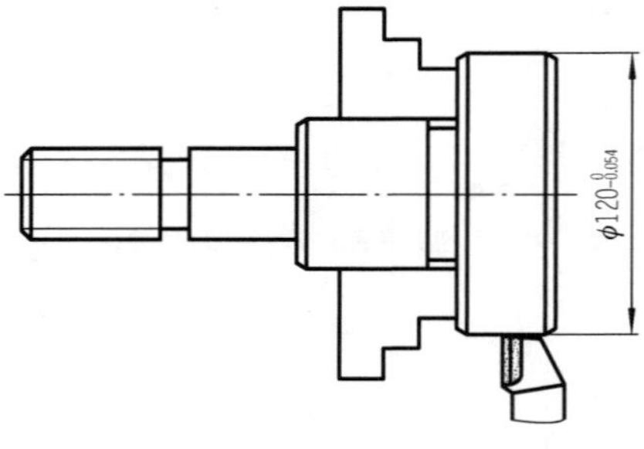
车端面直沟槽	车端面直沟槽 $0.5 \times \phi 80$mm 至尺寸要求	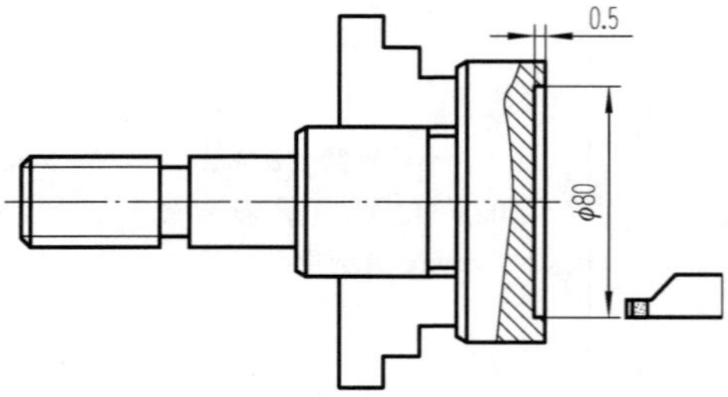

（2）应用考核评价

检测评价标准见表 3-36。

表 3-36　车床刀架轴检测评价标准

序号	项目	配分	要求	检测结果	实际得分
1	$\phi 50_{-0.039}^{0}$ mm	8 分	每超 0.01mm 扣 2 分，扣完为止		
2	$\phi 120_{-0.054}^{0}$ mm	8 分			
3	$\phi 20$mm	5 分	每超 0.05mm 扣 2 分，扣完为止		
4	$\phi 24$mm	5 分			
5	$\phi 49$mm	5 分			
6	40mm	5 分	按 GB 1804m，超差不得分		
7	8mm	2 分			
8	21mm	5 分			
9	160mm	5 分			
10	0.5mm（2 处）	2 分			
11	M24	12 分	不合格不得分		
12	垂直度 0.02mm	5 分			
13	平行度 0.01	5 分			
14	C2	3 分			
15	Ra 3.2μm	25 分			
16	安全文明生产		1. 工具、量具、刀具、图样的摆放要正确有序 2. 操作要注意要求（动作规范、协调） 3. 严重违反规程，视情节扣 10～50 分，直至取消考核操作资格		
本例工件定额时间：150min（每超时 10min 扣 15 分，超时 30min 结束考核）				总分	
开始时间		结束时间		检验（签名）	

3.7 车削螺杆

螺杆的车削图样如图 3-11 所示。

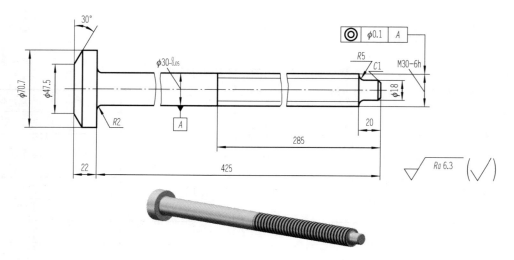

图 3-11 螺杆的车削图样

1. 工艺准备

（1）总体要求

1）本考核内容分值：100 分。

2）考核时间：180min。

（2）材料准备（表 3-37）

表 3-37 材料准备

材料名称	规格	数量
45 钢	锻件	1

（3）设备与刀具、量具、工具准备（表 3-38）

表 3-38 设备与刀具、量具、工具准备

项目	内容		备注
	名称	规格	
设备	车床	CA6140 型卧式车床	
刀具	中心钻	A2.5	
	外圆车刀	90° 焊接车刀	
		45° 焊接车刀	
	圆弧刀	R2	
		R5	
	螺纹车刀	60° 外螺纹车刀	
量具	游标卡尺	0～125mm	
	千分尺	25～50mm	
		螺纹千分尺	
工具	卡盘扳手	45 钢制作，四方头部高频淬火	
	刀架扳手	45 钢制作，头部内四方孔	

项目	内容		备注
	名称	规格	
工具	机油	30 号	
	油枪和棉纱	高压机油枪	
夹具	卡盘	自定心卡盘（特殊软卡爪）	
		单动卡盘	
	中心架	普通型	
	顶尖	回转顶尖	

（4）图样与工艺分析（表 3-39）

表 3-39　螺杆图样与工艺分析

项目	内容
图样分析	1. 螺杆主要尺寸有 $\phi 70.7$mm、$\phi 47.5$mm、$\phi 30_{-0.05}^{0}$ mm、$\phi 18$mm、22mm、425mm、285mm、20mm 2. 螺纹 M30-6h 查资料知螺距 $P=3.5$mm，中径 $d_2=27.727$mm。螺纹大径和中径的上、下极限偏差为 $d=30_{-0.425}^{0}$ mm，$d_2=27.727_{-0.637}^{-0.212}$ mm，且螺纹轴线对 $\phi 30_{-0.05}^{0}$ mm 外圆轴线同轴度公差为 $\phi 0.1$mm
简单工艺分析	1. 工件较为细长，装夹时需采用特殊的软卡爪，并采用一夹一顶方式 2. 螺杆的车削加工顺序：钻中心孔→车端面→车外圆和螺纹大径→车小外圆→精车外圆→车端面→车螺杆方头→车螺纹

（5）切削参数的选择（表 3-40）

表 3-40　螺杆车削加工时的切削参数

参数	粗车	精车	螺纹
背吃刀量 a_p/mm	视加工要求而定	0.2～0.3	视加工要求而定
进给量 f/（mm/r）	0.2～0.3	0.1～0.15	3.5
转速 n/（r/min）	300～400	450	300

2. 应用考核

（1）应用考核操作（表 3-41）

表 3-41　螺杆的车削方法

方法	说明	图示
钻中心孔	特殊软卡爪夹工件毛坯外圆，找正后钻 A2.5mm 中心孔	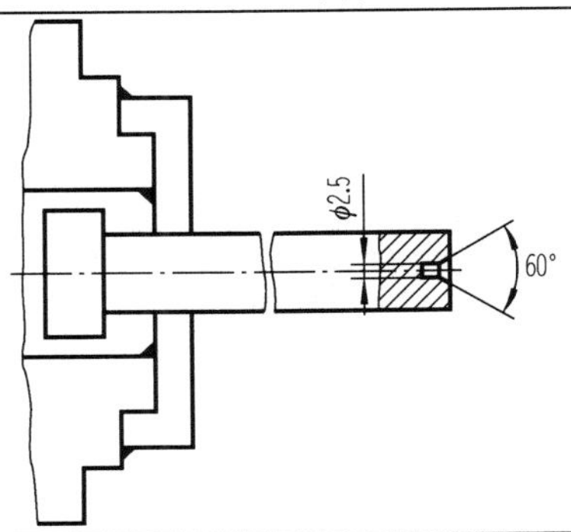

方法	说明	图示
车端面	单动卡盘夹 ϕ70.7mm 一端，另一端用回转顶尖支顶，车端面至顶尖刹根处	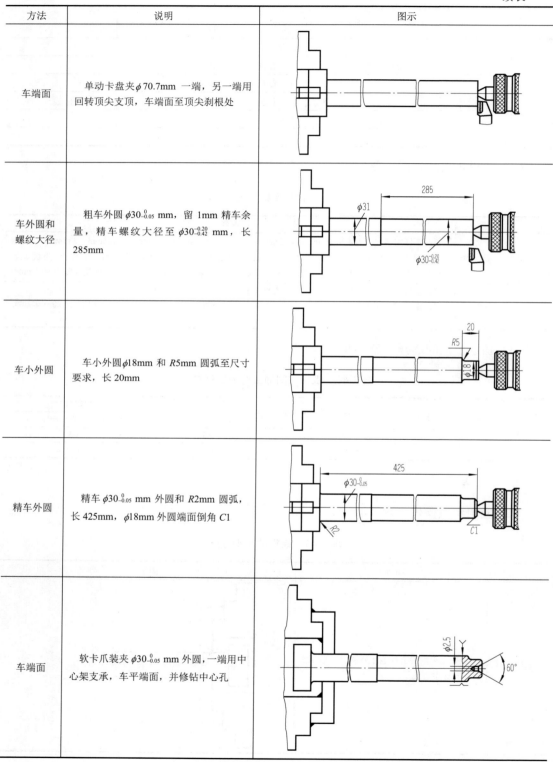
车外圆和螺纹大径	粗车外圆 $\phi30_{-0.05}^{0}$ mm，留 1mm 精车余量，精车螺纹大径至 $\phi30_{-0.42}^{-0.20}$ mm，长 285mm	
车小外圆	车小外圆 ϕ18mm 和 R5mm 圆弧至尺寸要求，长 20mm	
精车外圆	精车 $\phi30_{-0.05}^{0}$ mm 外圆和 R2mm 圆弧，长 425mm，ϕ18mm 外圆端面倒角 C1	
车端面	软卡爪装夹 $\phi30_{-0.05}^{0}$ mm 外圆，一端用中心架支承，车平端面，并修钻中心孔	

续表

方法	说明	图示
车螺杆 方头	调头夹 $\phi 30_{-0.05}^{0}$ mm 外圆，一端用中心架支承，车螺杆方头直径 $\phi 70.7$mm 至尺寸要求，并倒角 $\phi 47.5$mm×30°	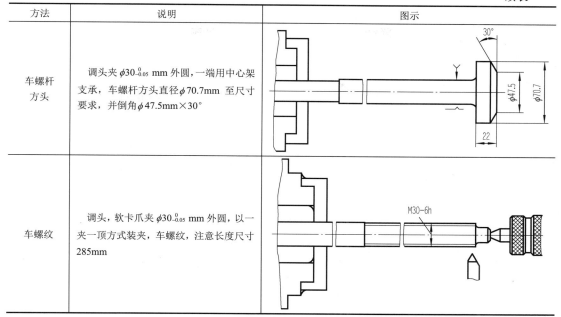
车螺纹	调头，软卡爪夹 $\phi 30_{-0.05}^{0}$ mm 外圆，以一夹一顶方式装夹，车螺纹，注意长度尺寸 285mm	

（2）应用考核评价

检测评价标准见表 3-42。

表 3-42　螺杆检测评价标准

序号	项目	配分	要求	检测结果	实际得分
1	$\phi 70.7$mm	5 分	每超 0.01mm 扣 2 分，扣完为止		
2	$\phi 47.5$mm	5 分			
3	$\phi 30_{-0.05}^{0}$ mm	5 分			
4	$\phi 18$mm	5 分	每超 0.1mm 扣 2 分，扣完为止		
5	22mm	5 分			
6	425mm	8 分			
7	285mm	5 分			
8	20mm	3 分			
9	M30-6h	20 分	用螺纹环规检测		
10	$R2$mm	2 分	不合格不得分		
11	$R5$mm	2 分			
12	30°	3 分			
13	◎ $\phi 0.1$ A	8 分			
14	垂直度	5 分			
15	$C1$	1 分			
16	$Ra6.3\mu$m	18 分			
17	安全文明生产		1. 工具、量具、刀具、图样的摆放要正确有序 2. 操作要注意要求（动作规范、协调） 3. 严重违反规程，视情节扣 10～50 分，直至取消考核操作资格		
本例工件定额时间：180min（每超时 10min 扣 20 分，超时 30min 结束考核）				总分	
开始时间		结束时间		检验（签名）	

3.8 车削油孔防尘盖

油孔防尘盖的车削图样如图 3-12 所示。

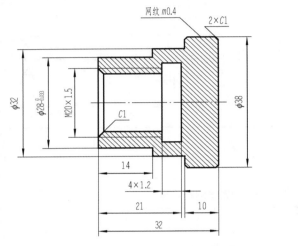

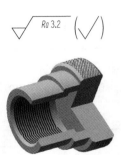

图 3-12　油孔防尘盖的车削图样

1. 工艺准备

（1）总体要求

1）本考核内容分值：100 分。

2）考核时间：48min。

（2）材料准备（表 3-43）

表 3-43　材料准备

材料名称	规格	数量
45 钢	ϕ40mm 棒料	1

（3）设备与刀具、量具、工具准备（表 3-44）

表 3-44　设备与刀具、量具、工具准备

项目	内容		备注
	名称	规格	
设备	车床	CA6140 型卧式车床	
刀具	麻花钻	$\phi16$mm	
	外圆车刀	90° 焊接车刀	
		45° 焊接车刀	
	滚花刀	$m=0.4$	
	切刀	刀宽 4mm 切断刀	
		刀宽 4mm 内沟槽刀	
	车孔刀	不通孔车刀	
	螺纹车刀	60° 内螺纹车刀	
量具	游标卡尺	0～125mm	
	千分尺	25～50mm	
工具	卡盘扳手	45 钢制作，四方头部高频淬火	
	刀架扳手	45 钢制作，头部内四方孔	
	机油	30 号	
	油枪和棉纱	高压机油枪	
夹具	卡盘	自定心卡盘	

（4）图样与工艺分析（表 3-45）

表 3-45　油孔防尘盖图样与工艺分析

项目	内容
图样分析	1. 油孔防尘盖主要尺寸有 $\phi38$mm、$\phi32$mm、$\phi28_{-0.033}^{0}$ mm、14mm、21mm、10mm、32mm 2. 工件退刀槽（内沟槽）为 4×1.2mm，内螺纹 M20×1.5 3. 主要表面粗糙度 $Ra3.2\mu$m，$\phi38$mm 外圆两端和孔口要求倒角 $C1$，其余各挡外圆为去毛刺（$C0.2$）
简单工艺分析	1. 工件在钻孔时，其钻削总深度应包含麻花钻的工作部分，再用车孔刀车平底孔（或用平底钻钻出） 2. 油孔防尘盖的车削加工顺序：车端面→车$\phi38$mm 外圆→车$\phi32$mm 外圆→车$\phi28$mm 外圆→钻孔→车孔→车内沟槽→车内螺纹→滚花→切断→控总长

（5）切削参数的选择（表 3-46）

表 3-46　油孔防尘盖车削加工时的切削参数

参数	粗车		精车		内螺纹	切槽（断）	滚花
	外圆	内孔	外圆	内孔			
背吃刀量 a_{p}/mm	视加工要求而定	0.4～0.6	0.4～0.6	0.15～0.2	0.2～0.3	4	视花纹情况而定
进给量 f/（mm/r）	0.2～0.3	0.1～0.15	0.2	0.15	1.5	手动	1.5
转速 n/（r/min）	350～480	450	700	400	400	400	80～100

2. 应用考核

（1）应用考核操作（表 3-47）

表 3-47　油孔防尘盖的车削

方法	说明	图示
车端面	夹工件一端，保证伸出长 40mm 左右，找正。车端面，车平即可	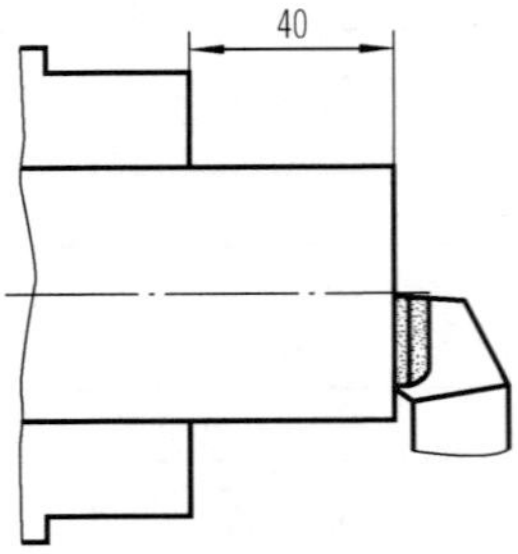
车 ϕ38mm 外圆	粗、精车 ϕ38mm 外圆至尺寸，长车至卡爪剎根处	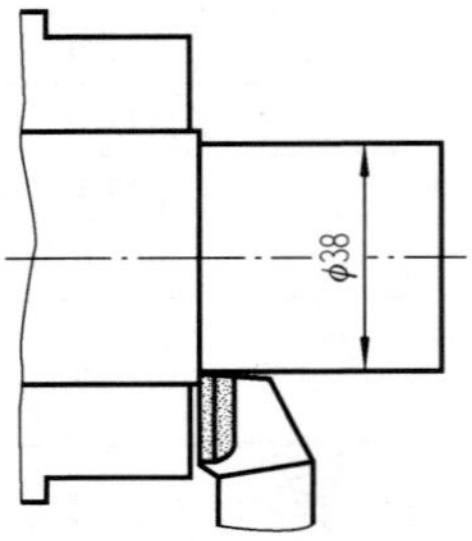
车 ϕ32mm 外圆	粗、精车 ϕ32mm 外圆至尺寸，长 22mm	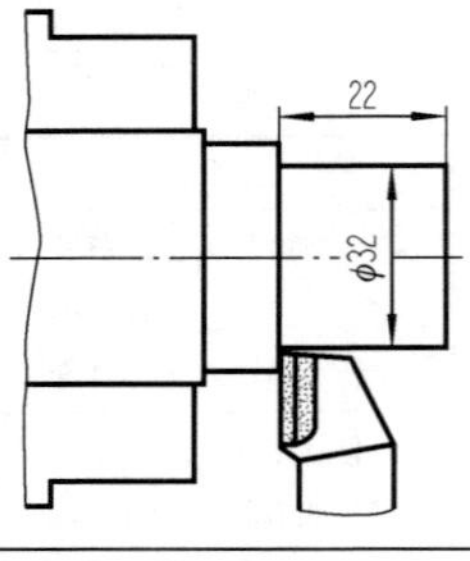
车 ϕ28mm 外圆	粗、精车 $\phi28_{-0.033}^{0}$ mm 外圆至尺寸，长 14mm	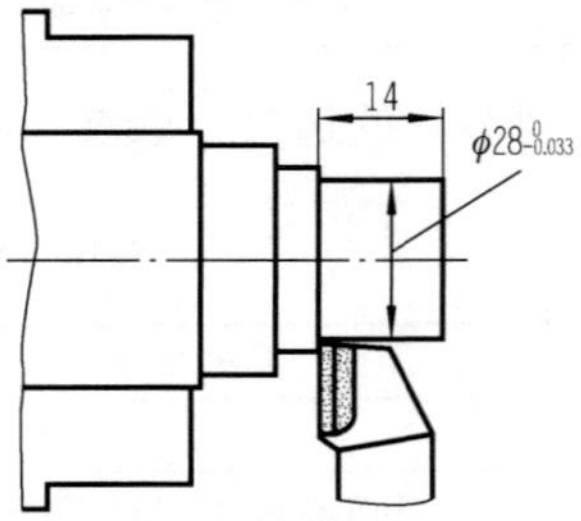

续表

方法	说明	图示
钻孔	用 $\phi16$mm 的麻花钻钻底孔，深 21mm	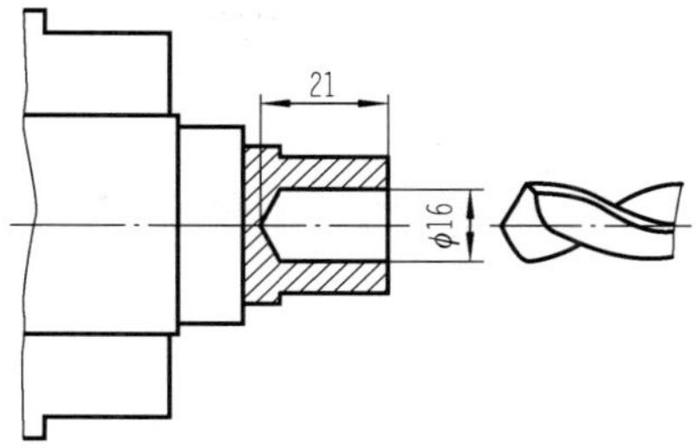
车孔	粗、精车螺纹底径至尺寸 $\phi18.5$mm，深 21mm	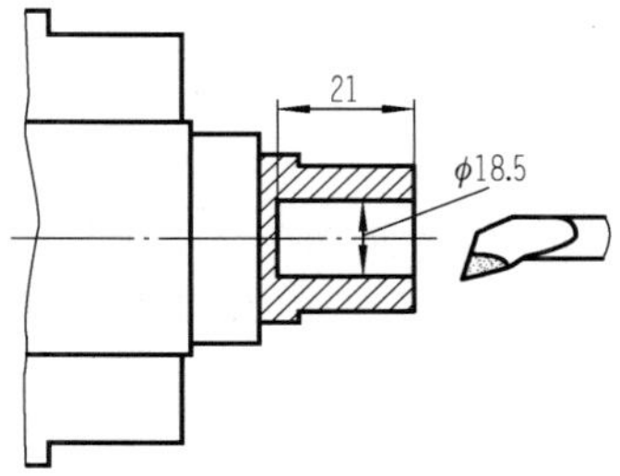
车内沟槽	车 4×1.2mm 内沟槽至尺寸要求	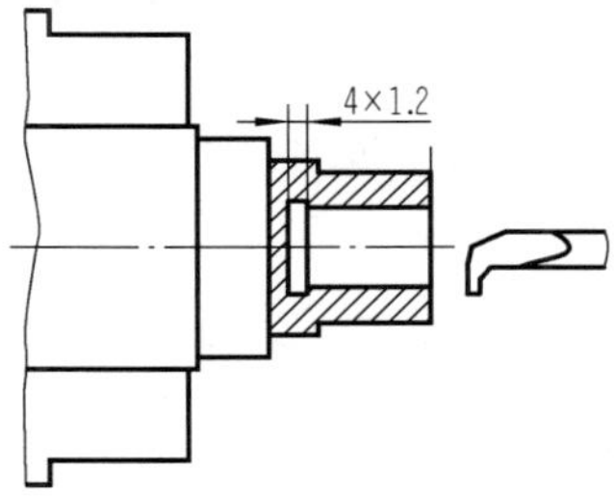
车内螺纹	孔口倒角 C1，车内螺纹 M20×1.5 至尺寸要求	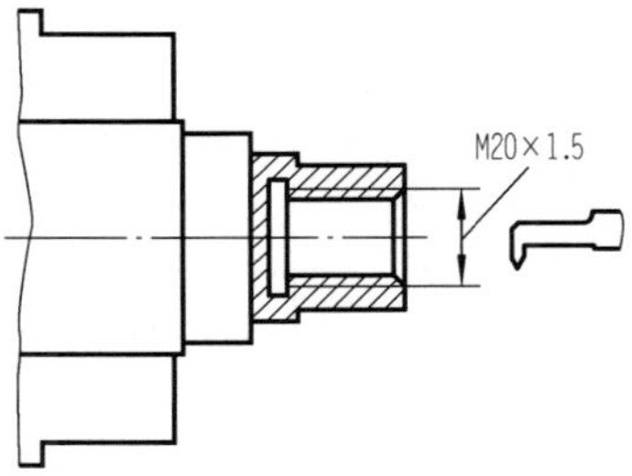
滚花	用 $m=0.4$ 的网纹滚花刀对 $\phi38$mm 外圆滚花	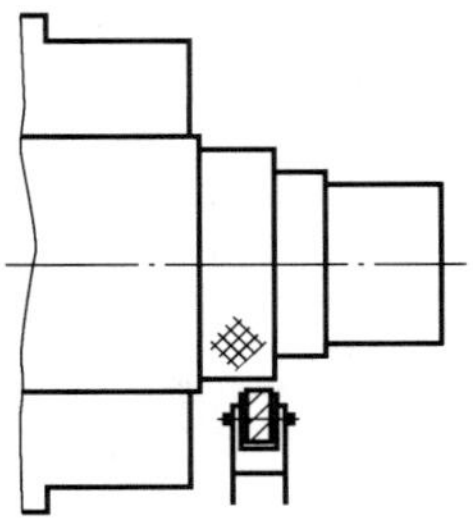

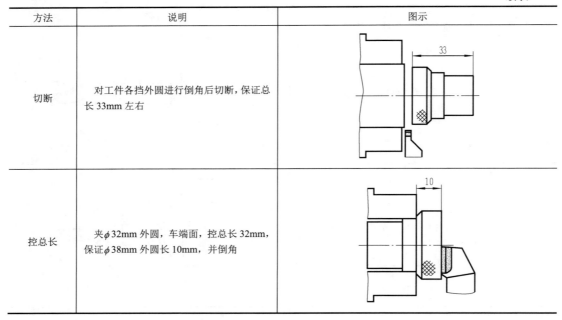

方法	说明	图示
切断	对工件各挡外圆进行倒角后切断，保证总长33mm左右	
控总长	夹ϕ32mm外圆，车端面，控总长32mm，保证ϕ38mm外圆长10mm，并倒角	

（2）应用考核评价

检测评价标准见表3-48。

表3-48　油孔防尘盖检测评价标准

序号	项目	配分	要求	检测结果	实际得分
1	ϕ38mm	5分	每超0.01mm扣2分，扣完为止		
2	ϕ32mm	5分			
3	$\phi28_{-0.033}^{0}$ mm	8分			
4	14mm	8分	每超0.1mm扣2分，扣完为止		
5	21mm	8分			
6	10mm	5分			
7	32mm	5分			
8	M20×1.5	15分	不合格不得分		
9	4×1.2mm	8分			
10	滚花 m0.4	5分			
11	C1	4分			
12	Ra3.2μm	24分			
13	安全文明生产		1. 工具、量具、刀具、图样的摆放要正确有序 2. 操作要注意要求（动作规范、协调） 3. 严重违反规程，视情节扣10~50分，直至取消考核操作资格		
本例工件定额时间：48min（每超时5min扣10分，超时15min结束考核）				总分	
开始时间		结束时间		检验（签名）	

参 考 文 献

王兵，2010. 车工技能图解 [M]. 北京：电子工业出版社.

王兵，2011. 车工技能实训 [M]. 2 版. 北京：人民邮电出版社.

王兵，2014. 图解车工实战 38 例 [M]. 北京：化学工业出版社.

王兵，2016. 好车工是怎样炼成的 [M]. 北京：化学工业出版社.